高等职业教育系列教材

机器视觉技术及应用

主编　邓小龙　葛大伟

参编　喻永康　周　翔

机 械 工 业 出 版 社

本书概述了机器视觉的起源、发展和相关应用,介绍了数字图像处理基础,对相机、镜头、光源、光源控制器等硬件进行了详细介绍,介绍了典型的机器视觉综合实训系统,包括硬件平台、软件平台。本书以 VisionPro 视觉软件和国产自主开发的 DCCK VisionPlus 视觉软件为基础,在机器视觉识别、测量、检测、引导四大典型应用上,引入企业真实案例,进行项目化任务实施。

本书可作为高等职业院校和职业本科院校自动化类和电子信息类相关专业的教材,也可以作为从事机器视觉技术研究和应用的工程师、技术人员以及对机器视觉技术感兴趣的读者的参考书。

本书配有教学视频,读者可扫描书中二维码直接观看,还配有授课电子课件、习题答案等,需要的教师可登录机械工业出版社教育服务网 www.cmpedu.com 注册后免费下载,或联系编辑索取(微信:13261377872,电话:010-88379739)。

图书在版编目(CIP)数据

机器视觉技术及应用/邓小龙,葛大伟主编. —北京:机械工业出版社,2024.3(2024.12重印)
高等职业教育系列教材
ISBN 978-7-111-75243-1

Ⅰ.①机… Ⅱ.①邓… ②葛… Ⅲ.①计算机视觉-高等职业教育-教材 Ⅳ.①TP302.7

中国国家版本馆 CIP 数据核字(2024)第 049160 号

机械工业出版社(北京市百万庄大街22号 邮政编码100037)
策划编辑:曹帅鹏   责任编辑:曹帅鹏 章承林
责任校对:韩佳欣 张 征 责任印制:单爱军
北京虎彩文化传播有限公司印刷
2024 年 12 月第 1 版第 2 次印刷
184mm×260mm · 13.75 印张 · 340 千字
标准书号:ISBN 978-7-111-75243-1
定价:55.00 元

电话服务   网络服务
客服电话:010-88361066   机 工 官 网:www.cmpbook.com
         010-88379833   机 工 官 博:weibo.com/cmp1952
         010-68326294   金 书 网:www.golden-book.com
封底无防伪标均为盗版   机工教育服务网:www.cmpedu.com

机器视觉技术在自动化、医疗、工业、安防、交通、农业和环保等领域的应用日益广泛，为各行各业带来了更高的效率、更精准的数据分析和更智能化的决策支持，推动了科技进步和社会发展。当前，国内机器视觉市场迎来高速发展时期，新技术、新方法和新应用层出不穷。随着新型工业化的到来，机器视觉技术在工业自动化和现代制造业中具有越来越重要的地位和作用。

党的二十大报告对于"实施科教兴国战略，强化现代化建设人才支撑"进行了详细丰富、深刻完整的论述。为了适应产业和行业发展需要，高等院校纷纷开设机器视觉相关课程和建设相关教材。目前大部分教材仍注重图像处理和算法设计，融合企业完整的真实应用案例的还不多。

本书介绍了机器视觉的起源与发展、机器视觉系统及产业、机器视觉技术的相关应用，介绍了数字图像处理的基础知识，对机器视觉硬件系统（相机、镜头、光源等）做了详细介绍，重点介绍了 VisionPro 视觉软件和国产自主开发的 DCCK VisionPlus 视觉软件。

本书详细介绍了机器视觉技术在行业上的四大典型应用，包括视觉识别、测量、检测及引导，对案例进行了分析，并介绍了程序代码编制，及相关功能实现和界面上的实时显示。

本书按照企业项目化实施的路径来编排内容，提供实用性强的程序设计代码，帮助读者根据教材逐步实践，系统地学习机器视觉的基本原理、算法和技术，了解机器视觉在各个领域的实际应用场景和解决方案。通过实例和案例分析，读者能够将所学的技术应用于实际问题，掌握相关工具和平台，进行实际的机器视觉项目开发。书中案例涉及的功能、代码等都已在德创智控科技（苏州）有限公司面向高校定制开发的机器视觉实训平台上验证通过。

本书是编者在多年从事自动控制、智能检测、机器视觉等领域的项目开发和教学科研的基础上编写而成的。本书由邓小龙、葛大伟主编，喻永康、周翔参与编写。本书的编写得到了德创智控科技（苏州）有限公司的大力支持和帮助。编者在编写过程中参阅了大量的图书和互联网资料，在此对相关作者一并表示衷心的感谢。

由于编者水平有限，且技术在不断发展，书中难免存在不足和疏漏之处，恳请广大读者提出宝贵意见，给予批评指正。

编　者

目 录 Contents

前言

第9章 机器视觉综合应用 ························· 188

参考文献 ····································· 214

第1章 机器视觉技术概述

机器视觉技术是一种利用计算机和数字图像处理算法，使计算机能够模仿人类视觉系统进行图像分析和理解的技术。随着计算机硬件和图像处理算法的进步，机器视觉在近几十年取得了显著的发展，未来的发展前景将非常广阔，在各个领域都具有广泛的应用前景。

1.1 机器视觉的起源与发展

机器视觉是指计算机系统通过数字图像或视频来模拟人类视觉系统，获取、分析和理解信息的能力。机器视觉的任务包括图像处理、计算机视觉、模式识别和机器学习等。机器视觉利用各类采集模块（例如工业相机、摄像头）充当人的双眼进行初始信息的收集，利用计算机丰富的函数和快速的处理速度充当人的大脑进行处理和计算，利用各种执行模块将分析的结果呈现或者展示出来，以达到剔除生产废品或者控制生产流程的效果。机器视觉的最终目标就是用机器代替人的眼睛，让计算机能像人类一样拥有自主观察、自主思考和自主适应环境的能力。

机器视觉的起源可以追溯到20世纪60年代，当时研究人员开始探索如何利用计算机处理和分析数字图像。机器视觉这个词汇的最早出现可以追溯到1966年，由美国工程师和计算机科学家Larry Roberts首次提出。在一篇名为"Machine Perception of Three-Dimensional Solids"（《三维实体的机器感知》）的论文中，Roberts提出了机器视觉的概念，并描述了利用计算机来进行三维实体感知的方法。该方法基于计算机视觉和几何学的理论，并采用了一种称为多视角几何的技术。其通过计算机程序从数字图像中提取出立方体、楔形体、棱柱体等多面体的三维结构，并对物体形状及空间关系进行描述，从而实现对三维物体的识别和描述，这种分析方法被称为"积木世界"。他的研究工作开创了以理解三维场景为目的的机器视觉研究。这个时期主要研究的是数字图像处理和特征提取。"积木世界"方法使它能够处理许多简单的几何体，而这些几何体的性质和关系可以被轻松地计算和存储。然而，这种方法需要大量的人工设计和先验知识来对不同的几何体进行分类和处理，所以很难应对复杂场景和真实世界中的物体。

1977年，David Marr教授在麻省理工学院提出了不同于"积木世界"分析方法的计算视觉理论（Marr视觉理论）。这个理论主张从信息处理的角度出发，对视觉过程进行分析和理解。该理论认为视觉系统应该被看作是一个信息处理系统，可以通过分层处理和抽象表示来实现对图像的理解。他将视觉处理过程分为三个层次：计算层次、算法层次和实现层次。通过对图像的不同层次进行分析，可以提取出图像的不同特征，从而实现对图像的理解。Marr的视觉理论对后来的计算机视觉和图像处理领域产生了深远的影响，成为现代计算机视觉研究的重要基础之一。

美国制造工程师协会（SME）机器视觉分会和美国机器人工业协会（RIA）自动化视觉分会在1983年对机器视觉进行了定义。他们将机器视觉定义为"机器视觉使用光学器件进行非接触感知，自动接收并解释一个来自真实场景的图像，以获取信息并控制机器与流程"。这个定义为机器视觉的研究和应用提供了明确的方向和目标，促进了机器视觉技术的标准化和规范化，为机器视觉产业的发展提供了支持。

20世纪80年代到20世纪90年代，是机器视觉技术得到快速发展的时期。在这一时期，计算机技术和图像处理技术的快速发展为机器视觉技术提供了重要的支持。如图像采集设备的分辨率和精度得到了大幅提升；图像处理技术得到了快速发展，如边缘检测、图像分割、图像匹配等算法的应用大幅提升了机器视觉技术的性能。通过多个视角的图像采集和图像处理技术，可以实现对物体的三维重建。进入20世纪90年代中期，人们对机器视觉技术的需求也越来越高，使得机器视觉技术得到了广泛的应用。机器视觉技术在工业自动化领域的应用逐渐得到了广泛的推广，如在制造业中用于产品检测和品质控制等方面。此外，医学影像处理、安防监控、智能交通等领域也开始应用机器视觉技术。另外，20世纪90年代中期，机器视觉开始出现一些新的发展趋势。其中最为重要的是机器学习的兴起，特别是支持向量机（Support Vector Machine，SVM）等算法的应用，这些算法在图像分类、目标检测等方面取得了显著的成果。同时，人工智能技术也开始逐渐应用于机器视觉领域，例如深度学习等技术在图像分类、目标检测等方面的表现越来越优秀。

进入21世纪以来，随着计算机处理能力的不断提高和图像采集设备的不断进步，机器视觉技术得到了快速发展，应用领域也不断扩展。首先，深度学习和卷积神经网络等技术在图像分类、目标检测、物体识别等方面取得了突破性进展。这些技术能够自动学习图像的特征表示，大幅提高了机器视觉系统的精度和鲁棒性。另外，随着互联网的普及和各种传感器设备的广泛使用，大规模图像和视频数据集得到了快速积累。这些数据集对于机器视觉算法的训练和测试起到了重要的作用。随着高清工业相机、高性能计算机和人工智能等新兴技术的涌现，机器视觉已突破了传统的检测模式和应用领域，向着更深层、更为多样化的领域扩展。随着智能手机、智能摄像头等智能硬件的普及，机器视觉技术开始广泛应用于各种移动设备和嵌入式系统中，例如人脸识别、手势识别、物体跟踪等应用；随着三维扫描、立体摄像、激光测距等技术的不断发展，三维视觉技术在工业制造、医学影像处理等领域得到了广泛应用；随着自动驾驶技术的不断发展，机器视觉技术开始广泛应用于车辆感知和环境感知等方面。通过车载摄像头和雷达等传感器的数据，机器视觉系统可以实时感知车辆周围的环境，从而实现自动驾驶功能。随着医疗技术的不断进步，机器视觉技术在医学影像处理领域得到了广泛应用。例如，机器视觉技术可以通过分析医学影像数据，辅助医生进行疾病诊断和治疗；现在，机器视觉技术已经大规模应用于图像处理、医学诊断、智能交通、无人驾驶、工业测量等多个领域。机器视觉的发展经历了从数字图像处理到三维视觉、运动分析和目标跟踪的发展，再到应用于医疗、安全、交通等领域的发展，最终发展到了深度学习、神经网络和大数据等技术的应用。

机器视觉在我国的起源可以追溯到20世纪80年代末，当时我国的机器视觉技术仍处于起步阶段，在各行业的应用几乎一片空白，主要应用于军事、航空航天等领域。进入20世纪90年代，国内机器视觉处于起步阶段，此时主要应用于检测自动化、工业检测等领域，但由于技术水平的限制，市场较小。21世纪初，机器视觉逐渐成熟，应用范围逐渐扩大，此时机器视觉开始向冶金、钢铁、汽车、电子、医药等多个领域拓展，市场规模不断扩大。2004 年后进入发展初期，机器视觉企业开始探索与研发自主技术和产品，同时取得了一定的突破。2010 年代，随着互联网、物联网和人工智能等技术的快速发展，国内机器视觉得到了更广泛的应用，机器视觉产业逐步迈向高速发展阶段。此时机器视觉已经成为智能制造和工业 4.0 的重要组成部分，应用领域更加广泛，包括智能交通、安防监控、智能医疗、智慧城市等多个领域。2020 年以来，机器视觉进入了高质量发展阶段，重点发展高端机器视觉产品和技术。同时，随着国家对科技创新的大力支持，对人工智能等前沿技术的投入和支持，机器视觉技术也得到了进一步发展。我国的机器视觉技术水平不断提高，应用范围和精度不断扩大，应用领域不断扩大，行业发展日趋成熟，带动了机器视觉相关产业链的形成和完善，涉及硬件设备、软件开发、系统集成等多个方面，从而促进了整个行业的升级和转型。

1.2　机器视觉系统及产业

机器视觉技术包括目标对象的图像获取、对图像信息的处理以及对目标对象的测量与识别技术，是一项综合技术。其中包括数字图像处理技术、机械工程技术、控制技术、光源照明技术、光学成像技术、传感器技术、模拟与数字视频技术、计算机软硬件技术、人机接口技术等。

1.2.1　机器视觉系统

机器视觉系统是一种集成了计算机视觉、图像处理、机器学习等技术的系统，用于实现自动化检测、识别、分类、定位等功能。机器视觉系统的组成主要包括以下几个部分。

1. 图像采集设备

机器视觉系统需要使用图像采集设备来获取待处理的图像或视频数据。常用的图像采集设备有相机、摄像头等，其中相机是最常用的图像采集设备之一。

2. 图像处理软件

机器视觉系统需要使用图像处理软件对采集到的图像进行处理和分析。图像处理软件可以对图像进行去噪、增强、滤波、分割、特征提取等处理，以提取出目标区域和特征。

3. 算法和模型

机器视觉系统需要使用算法和模型来实现图像处理和分析。常用的算法和模型包括机器学习、深度学习、神经网络、分类器等，这些算法和模型可以对图像进行分类、识别、定位等任务。

4. 硬件设备

机器视觉系统需要使用硬件设备来支持图像处理和算法计算。常用的硬件设备有图像处理器、GPU（图形处理单元）、FPGA（现场可编程门阵列）等，这些设备可以加速图像处理和算法计算，提高系统性能和效率。

5. 人机交互设备

机器视觉系统需要使用人机交互设备来呈现处理结果和与用户进行交互。常用的人机交互界面有显示器、触摸屏、键盘、鼠标等，这些界面可以让用户方便地查看处理结果和进行操作。

1.2.2　机器视觉产业

随着计算机视觉技术和图像处理技术的不断进步和发展，机器视觉技术得到了快速发展和广泛应用。随着工业自动化、智能制造、智能交通等领域的发展，对机器视觉技术的需求越来越大，市场空间不断扩大。这些都促进了机器视觉产业的形成。机器视觉产业是以机器视觉技术为核心，涵盖硬件设备、软件开发、系统集成、应用开发等方面，服务于工业制造、安防监控、医疗影像等多个领域的产业。随着科技进步和产业升级，机器视觉在各个领域的应用范围不断拓展，市场规模和发展速度也在不断提升。

机器视觉产业的形成需要依赖于完整的产业链，包括硬件设备、软件应用、系统集成等多个环节，这些环节之间的协同作用，构成了完整的机器视觉产业链。机器视觉系统是机器视觉产业链的重要组成部分。机器视觉系统的研发和生产需要依赖于机器视觉产业链上游的原材料和设备供应商，同时也需要和下游的应用软件和系统集成商进行紧密合作。机器视觉产业链的各个环节只有通过协同作用，才可以实现机器视觉系统的高效运行和广泛应用。

机器视觉产业链主要由上游零部件、中游视觉装备及方案以及下游应用行业构成，如图 1-1 所示。

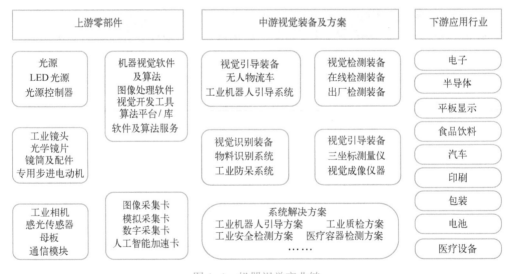

图 1-1　机器视觉产业链

机器视觉行业的上游包括相机、镜头、光源等硬件及算法软件。相机是包含完整的机器视觉组成功能模块（光源可自带或借用外部光源），能独立完成机器视觉信息处理的全流程，为系统输出有效信息；镜头是机器视觉图像采集部分重要的成像部件，其作用是把被摄物体成像于摄像机内的感光元件上；光源对于机器视觉中的图像采集部分具有重要影响，为场景提供合适的照明，突出目标的图像特征并与背景图像分离；机器视觉算法与软件紧密结合，软件平台是实现机器视觉算法的载体，使机器视觉在处理数据量和实时检测效率性能上不断突破，匹配工业智能发展的需求。

机器视觉行业的中游为视觉系统与智能装备。视觉系统包含独立完整的成像单元（光源、镜头、相机）和相应的算法软件，集图像采集、处理与通信功能于一身，可以灵活地进行配置和控制，适应各种复杂的应用，具有多功能、模块化、高可靠性等特点。智能装备以机器视觉的感知能力和分析决策能力为核心，在视觉系统的基础上加入了自动化和智能化的功能，将设计、生产、检测过程集成闭环，可实现多种功能。

机器视觉行业的下游为各行业集成应用和服务。下游应用行业的发展决定了机器视觉装备及服务的市场需求量，目前下游应用领域以电子制造为主，其次为汽车、医药、印刷、包装等领域。下游产业丰富多样，集成服务更加有的放矢，应用市场更加蓬勃。

从深度来看，机器视觉的应用覆盖产业链的多个环节。以手机制造为例，机器视觉可应用在结构件生产、模组生产、成品组装、锡膏和胶体的全制造环节。从广度上看，机器视觉的下游行业众多，包括汽车、电子、半导体、食品饮料、医疗设备、印刷、包装、电池等。

从全球范围看，由于下游消费电子、汽车、半导体、医疗设备等行业规模持续扩大，全球机器视觉市场规模呈快速增长趋势。如图 1-2 所示，2023 年初，据 Markets and Markets 统计，从全球市场规模来看，全球机器视觉市场 2022—2027 年预测期内的复合年增长率为 7.4%。至 2027 年，全球机器视觉市场规模将达到 172 亿美元。基于全球机器视觉市场规模数据预测，2028 年全球机器视觉市场规模将达到 185 亿美元。

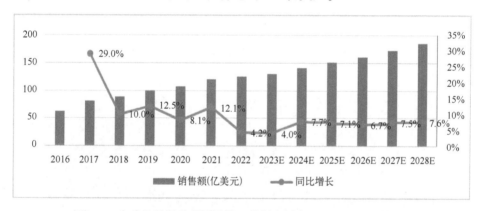

图 1-2　全球机器视觉市场规模（数据来源：Markets and Markets）

目前，全球机器视觉市场的主要应用领域包括工业自动化、智能交通、医疗影像、安防监控、农业和食品等。其中，工业自动化是最主要的应用领域，占据了市场份额的近 50%。随着人工智能技术的不断发展，机器视觉技术将与深度学习、自然语言处理等技术相结合，从而推动更多新的应用场景出现。例如，在零售业中，机器视觉技术可以用于商品识别和检测，从而提高购物体验和减少损失。在医疗领域，机器视觉技术可以用于辅助医生进行疾病诊断和手术操作。全球机器视觉行业发展前景广阔，未来将会有更多的应用场景涌现，推动产业持续快速发展。

我国机器视觉行业在过去几年取得了快速发展，受益于配套基础设施不断完善、制造业总体规模不断扩大、智能化水平不断提高、政策利好等因素。我国机器视觉市场需求不断增长，成为全球机器视觉市场的主要参与者之一，已成为全球机器视觉市场规模增长最快的市场之一。根据中国机器视觉产业联盟的统计，机器视觉行业销售额从 2018 年的 101.8 亿元增长至 2020 年的 144.20 亿元，年复合增长率达 19.02%。预计至 2025 年，机器视觉行业销售额将达 560.1 亿元。2022—2025 年间复合增长率预计高达 21.80%。

国外厂商具有较强的设计、研发和制造能力，视觉系统领域长期由基恩士、康耐视等厂商主导。国内机器视觉行业起步较晚，最早国内厂商主要代理国外厂商的机器视觉产品。随着技术和经验的积累，部分国内厂商开始推出自有品牌的产品，加上国内厂商能够提供本地化的定制化服务，供货周期也比较灵活，市场份额开始逐年增长，依靠对客户需求的深刻理解和丰富的经验，也拥有良好的生存发展空间。

1.3 机器视觉技术的相关应用

机器视觉是将图像处理应用于工业自动化领域进行非接触检测、测量，提高加工精度，发现产品缺陷，进行自动分析决策的一项技术，是先进制造业的重要组成部分，发挥着不可替代的作用。在工业生产领域，机器视觉代替人眼检测，实现高精度非接触式测量，降低人工成本，解决劳动力短缺问题，进行实时生产质量和数量检测，减少次品生产。机器视觉技术的应用非常广泛，可以应用于自动化生产、工业检测、安防监控、医疗诊断、交通出行、智能家居等众多领域。根据不同的应用需求，机器视觉技术有以下分类方式。

1.3.1 根据功能特点分类

从功能上讲，机器视觉系统主要具有四大类功能：识别、测量、检测和引导（定位），如图 1-3 所示。

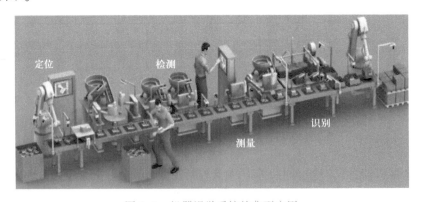

图 1-3　机器视觉系统的典型应用

1. 视觉识别

机器视觉的图像识别，通常是对象目标识别、颜色识别、读码和光学字符识别（OCR）。其典型的应用场景如图 1-4 所示。

2. 视觉测量

视觉测量是指利用机器视觉技术对物体的形状、尺寸、位置等进行测量的过程。它是机器视觉技术的一个重要应用领域，可以广泛应用于各个工业领域中的制造、装配、检测等环节。视觉测量就是通过视觉算法提取图像的边缘、轮廓等信息，进行非接触的尺寸测量、位

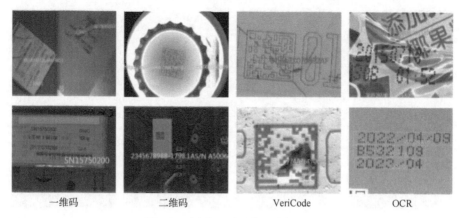

一维码　　　　二维码　　　　VeriCode　　　　OCR

图1-4　视觉识别的典型应用场景

置度测量和高度测量。视觉测量具有精度高、速度快的特点，有效避免了人工测量对产品造成的二次伤害。

视觉测量的典型应用场景包括产品检测、零件加工、装配、环境监测等，图1-5所示为进行长度和角度视觉测量的工具。

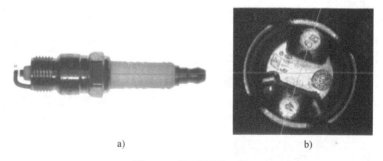

a)　　　　　　　　　　b)

图1-5　视觉测量工具

a）长度视觉测量工具　b）角度视觉测量工具

3. 视觉检测

视觉检测是指通过机器视觉技术实现对物体、产品或工件等进行自动化检测的过程。它使用相机、图像处理算法和控制系统等技术，对物体表面的图像进行采集、处理和分析，以检测物体的质量、形状、尺寸、颜色、表面缺陷、污染等信息，并实现分类、判别、计数、定位等操作。

视觉检测应用范围非常广泛。其典型的应用场景主要包括工业品质检测、医学诊断、安防监控、农业智能化等。检测类项目的典型应用有汽车零件漏装检测，锂电池的异物、划痕、压痕、极耳不亮、污染、腐蚀、字符模糊等，印制电路板的零件漏装、反装、错装和漏焊等，食品包装的破损、黑点等外观检测，矿泉水瓶的液位检测等。视觉检测的典型应用场景如图1-6所示。

4. 视觉引导

视觉引导是一种利用机器视觉技术对工业自动化生产过程进行指导和控制的方法，其主

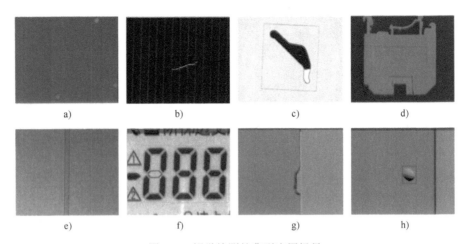

图 1-6　视觉检测的典型应用场景

a）表面亮斑检测　b）表面划痕检测　c）形状异常检测　d）轮廓残缺检测

e）划痕检测　f）字符缺陷检测　g）崩边检测　h）脏污检测

要应用于自动化生产线、机器人等自动化设备中。

引导定位是机器视觉的一个普遍应用，就是通过图像识别物体的特征姿态，把姿态数据传递给机器人等执行机构进行精确的抓取、组装操作。引导系统分为抓取、组装、精定位和轨迹引导几种方式。应用场景有上下料、手机零件组装、汽车零件无序抓取、引导精定位放置到载具、引导点胶和引导焊接等。

1-1　视觉引导介绍

其典型的应用场景包括机器人视觉引导、自动化生产线视觉引导等。视觉引导装配玻璃杯、视觉引导分拣零件的应用场景如图 1-7 所示。

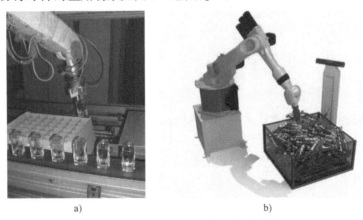

图 1-7　视觉引导的典型应用场景

a）视觉引导装配玻璃杯　b）视觉引导分拣零件

1.3.2　根据应用领域分类

机器视觉虽然只有几十年的发展时间，但随着全球新一轮科技革命与产业变革浪潮的兴起，机器视觉行业顺势迎来快速发展。机器视觉技术不断成熟和进步，应用范围变得越来越宽泛。机器视觉的应用已经从当初的汽车制造领域，扩展至如今的消费电子、制药、食品包装等多个领域，并实现了广泛应用。机器视觉主要有以下应用领域。

1. 工业制造行业

机器视觉在工业制造行业中的应用广泛，包括自动化装配、质量检测、尺寸测量、物料处理等。视觉系统的非接触、速度快、精度合适、现场抗干扰能力强等突出的优点，使机器视觉技术在工业检测中得到了广泛的应用。

机器视觉识别检测目前已经用于产品外形和表面缺陷检验，如木材加工检测、金属表面视觉检测、焊缝缺陷自动识别等。如在工业产品的生产线上，如图 1-8 所示的玻璃瓶输送线，使用自动化设备分料，使用机器视觉系统进行产品图像抓取和图像质量检测分析，输出结果，再通过机器人把对应的物料放到固定的位置上，从而实现工业生产的智能化、现代化、自动化。

图 1-8　玻璃瓶输送线

2. 汽车制造行业

机器视觉技术在汽车制造行业中的应用非常广泛，主要集中在以下几个方面。

- 车身外观检测：对汽车车身进行表面缺陷、油漆划痕、车漆质量等进行检测。
- 内饰检测：对汽车内部零部件进行检测，包括车门、座椅、仪表盘、转向盘、车顶等内饰零部件的合格率检测。
- 引导和定位：在汽车制造流程中，精确定位汽车零部件，确保装配准确无误。机器人可精确识别和捡取汽车零部件，提高汽车制造效率。
- 缺陷检测：在汽车零部件制造过程中，检测产品的缺陷，例如排气管的裂纹和气缸的毛刺等。
- 焊缝检测：对汽车焊接工艺进行检测，包括焊缝的尺寸、质量和位置等。

机器视觉可以用于车身焊接质量检测、零件拼装质量检测、轮胎质量检测等。图 1-9 所示为采用机器视觉技术进行轮胎表面字符识别。

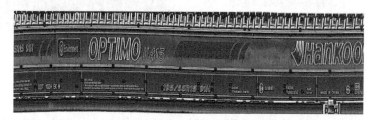

图 1-9　轮胎表面字符识别

机器视觉检测系统可以对产品进行制造工艺检测、自动化跟踪、追溯与控制等，包括通过光学字符识别技术获取车身零件编码以保证零件在整个制造过程中的可追溯性，通过识别零件的存在或缺失以保证部件装配的完整性等。

3. 消费电子行业

消费电子行业是国民经济的支柱产业，高迭代速度使其在设计制造、质量把控等方面都面临较大的挑战。机器视觉技术在消费电子行业的应用范围非常广泛，涵盖了生产过程中的各个环节。以下是一些典型的应用场景。

- 质量检测和缺陷检测：对消费电子产品进行外观检查，以检测表面缺陷、裂纹、划痕、异物等问题。例如，对手机屏幕进行检测以确保没有瑕疵。
- 零部件检测：检测和分类消费电子产品的零部件，例如印制电路板（PCB）的元件、连接器等，以确保它们符合质量要求。
- 装配和定位：用于消费电子产品的装配和定位，例如自动化装配线上的部件对准和位置校准。例如，在手机生产过程中，机器视觉可以自动识别和校准摄像头的位置和方向。
- 生产线优化：监测和识别生产线上的瓶颈和问题，以便实现更高效的生产过程。例如，通过检测和跟踪产品在生产线上的位置和状态，优化生产率。
- 安全监控和识别：用于消费电子产品的安全监控和识别，例如面部识别、手势识别等，使得消费电子产品更加智能化和人性化。

机器视觉检测可以在零部件检测、部件组装、整机外观检测等生产线中替代人工检测，实现包括面板、手机内壳孔、摄像头、PCB/FPC（柔性电路板）装配在内的多项检测，有效提升生产率和产品良品率。消费电子行业元器件尺寸小、质量标准高，适合用机器视觉系统检测，也促进了机器视觉技术进步。同时，消费电子产品生命周期短、需求量大，可拉动机器视觉市场需求。

机器视觉在消费电子领域，以 PCB/FPC 自动光学检测、零部件及整机外观检测、装配引导等应用为主，并呈现出越来越多的新的应用场景。图 1-10 所示为采用机器视觉技术进行便携式计算机键盘漏光缺陷检测。

图 1-10　便携式计算机键盘漏光缺陷检测

4. 食品包装与制药行业

食品包装是食品质量的重要保障，可以保护食品在流通过程中免受污染，提高品质，避免发生安全事故。机器视觉在食品包装领域适用范围广泛，在食品包装行业中具有重要应用价值，主要体现在以下几个方面。

- 产品外观检测：对食品包装的外观进行检测，如瓶子、罐子、盒子等的形状、大小、标签贴附等方面的检测。
- 包装质量检测：对食品包装的质量进行检测，如密封性能、包装材料的缺陷、包装内部异物等方面的检测。
- 生产流程控制：对食品包装生产流程中各个环节的控制，如瓶盖拧紧程度、罐头翻转、包装箱排列等方面的控制。
- 追溯与管理：对食品包装生产和流通过程中的信息进行追溯和管理，如产品的生产批次、生产日期、保质期等信息的记录和追踪。

制药企业的生产过程中，药品质量关系到人的生命健康，即使是微小的缺陷存在，一旦药品流通到市场后也会对患者造成无法弥补的损失。机器视觉在药品包装、质量检测及控制等多个方面有广大作为，助力医药行业加快现代化、智能化进程。机器视觉技术在制药行业中的应用主要集中在以下几个方面。

- 药品外观检测：对药品外观进行检测，例如药品颜色、形状、标识等，确保药品的质量和合规性。
- 药品包装检测：检测药品包装的完整性、封口情况、标签贴合情况等，确保药品在包装过程中不受到污染和损坏。
- 药品生产质量控制：在制药过程中用于质量控制，例如检测药品生产中的物料、颗粒和液体的数量和尺寸，确保药品的一致性和质量稳定性。
- 药品流程监控：在药品生产过程中，监控生产流程中的每一个环节，例如药品制造、包装、封装等过程，确保每个环节的质量和效率。图 1-11 所示为利用机器视觉技术进行药品检测。

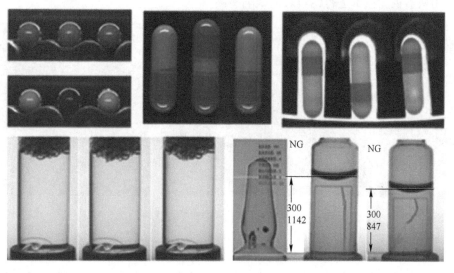

图 1-11　药品检测

目前，在数粒、打码、泡罩板缺粒、药品残缺和断片、加装说明书、编码识别等环节，机器视觉检测内容丰富、稳定、精确。

5. 交通行业

交通行业作为国家发展的基础行业，对经济增长和贸易有重大影响，保障交通运输运力和运行安全显得尤为重要。机器视觉技术在交通行业中的应用范围非常广泛，包括交通监控、智能交通系统、车辆识别等方面。

- 交通监控：通过安装摄像头和监控设备，对路面的车辆、行人等进行监控和识别。交通监控系统主要包括视频监控、交通流量监测、交通违法监测等子系统。
- 智能交通系统：主要包括车辆检测、车牌识别、人脸识别、交通拥堵监测等方面。例如，机器视觉技术可以实现车辆的自动检测和识别，对车流量进行统计和预测，对拥堵路段进行实时监测和预警。图 1-12 所示为交通监控画面。

压线　　　　　　　　　　逆行　　　　　　　　　　事故

图 1-12　交通监控画面

- 车辆识别：通过对车辆的图像进行处理和分析，识别车辆的类型、品牌、颜色、号码等信息。主要应用于交通管理、停车场管理、高速公路收费等领域。

机器视觉技术还可应用于隧道检测、受电弓检测、车轮对检测、公路检测、路况分析等交通运输行业，实现信息的动态采集、存储、传输以及预警，为交通行业保驾护航。图 1-13 所示为采用机器视觉技术进行钢轨表面缺陷检测。

图 1-13　钢轨表面缺陷检测

6. 新能源行业

新能源行业是国家绿色经济的新未来。随着光伏、锂电池等新能源产业制造过程的转型升级，实现自动化检测尤为重要。机器视觉检测不仅可以实现硅片、电池片内部缺陷杂质的检测与分选，也可以测试产品尺寸、外观缺陷及表面质量。机器视觉技术在新能源行业中的应用主要有以下几个方面。

- 太阳能板检测：对太阳能板进行检测，包括检测太阳能板表面的裂纹、损坏等情况。图 1-14 所示为利用机器视觉进行太阳能电池网版视觉定位引导激光切割。

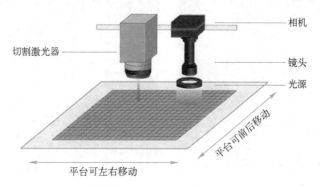

图 1-14　太阳能电池网版视觉定位引导激光切割

- 风力发电机组件检测：对风力发电机组件进行检测，例如检测叶片的损坏程度，有助于提高风力发电机的效率和可靠性。
- 新能源汽车生产中的检测和质量控制：用于新能源汽车生产中的检测和质量控制，例如对电池进行检测、对车身和车窗进行检测等。
- 智能充电站：用于智能充电站的建设中，例如用于车辆识别和安全监控等。
- 新能源发电场景下的无人机巡检：结合无人机技术，对新能源发电设施进行巡检，例如对太阳能电站或风力发电场进行检查，有助于提高检测效率和准确性。

7. 半导体行业

半导体行业包括各种半导体元件和产品的设计、布局、制造、组装和测试。机器视觉技术在半导体行业中的应用涉及多个环节，包括芯片设计、晶圆制造、电路板组装、封装测试等。

- 芯片设计：用于芯片设计中的仿真和测试，例如对芯片的逻辑电路进行模拟和测试，有助于提高芯片设计的质量和效率。
- 晶圆制造：用于晶圆制造过程中的质量控制，例如对晶圆表面的缺陷进行检测、对晶圆的定位和对位进行检测。
- 电路板组装：用于电路板组装过程中的检测和质量控制，例如对电子元器件的定位、极性和焊接质量进行检测。
- 封装测试：用于封装测试过程中的检测和质量控制，例如对芯片的引脚、线路和封装质量进行检测，如图 1-15 所示。
- 半导体设备维护：用于半导体设备的维护，例如对设备的磨损程度、零部件的状况和维护记录进行检测。

机器视觉主要应用于生产线自动化和产品质量检测，包括装配时的定位组装、尺寸检测及成品缺陷（孔、划痕、腐蚀、波纹、不均匀）检测，实现零部件、装配件和成品的质量保证。

机器视觉技术在许多行业中得到了广泛应用，这些行业包括制造业、医疗保健、农业、物流等。随着技术的不断发展，机器视觉在各行各业的应用将会越来越广泛，也将会有更多的创新应用不断涌现。

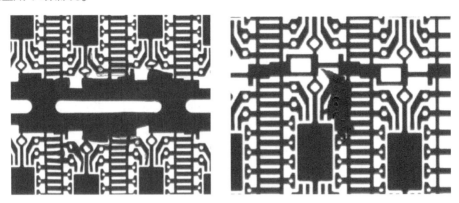

图 1-15   引线框架视觉检测

思考与练习

1. 请简述机器视觉的起源和发展历程。

2. 机器视觉产业链主要包括哪些?

3. 机器视觉系统主要由哪几部分组成?

4. 从功能上分,机器视觉的四大类典型应用是什么?

5. 列举一两个机器视觉系统的典型应用场景,并说明其工作过程。

第2章　数字图像处理基础

数字图像处理是指对数字图像进行处理、分析和改变的一种技术。数字图像处理为机器视觉技术提供了数据预处理的基础，通过对图像进行预处理和增强，可以提高机器视觉系统的性能和精度。在实际应用中，数字图像处理方法被广泛应用于机器视觉技术中。

2.1　数字图像基础

"图"是物体投射或反射光的分布，"像"是人的视觉系统对图的接收在大脑中形成的印象或反映。图像是指在二维平面上表现出来的视觉信息，是人类对客观世界视觉感知的结果。"图像"是客观和主观的结合。图像是人类社会活动中最常用的一种信息载体，也是人们获取信息、表达信息和传递信息最主要的手段。

根据图像记录方式的不同，图像可分为两大类：模拟图像和数字图像。模拟图像可以通过某种物理量（如光、电等）的强弱变化来记录图像亮度信息，如模拟电视图像；自然界中的图像都是模拟量。数字图像是由离散的、有限数量的像素（图像元素）组成的图像。数字图像通常由数码相机、扫描仪或其他数字图像捕捉设备捕获，并以数字形式表示存储、处理和传输，广泛应用于计算机视觉、图像处理、医学影像、遥感图像、虚拟现实、人工智能等领域。

2.1.1　数字图像

数字图像，又称为数码图像或数位图像，是用计算机存储的数据来记录图像上各点的亮度信息。数字图像是由模拟图像数字化得到的、以像素为基本元素的、可以用数字计算机或数字电路存储和处理的图像。在计算机中，图像是由像素组成的数字矩阵，每个像素代表图像上的一个点，它包含了该点的亮度、颜色等信息。数字图像是二维图像用有限数字数值像素的表示，由数组或矩阵表示，其光照位置和强度都是离散的。在应用数学理论时，将图像定义为二维函数 $f(x,y)$，x 和 y 为空间坐标，在任意一组空间坐标，$f(x,y)$ 的幅值 f 称为图像在该坐标位置的强度或灰度。当 x、y 和幅值 f 是离散的、有限的数值时，称该坐标位置是由有限的元素组成的，每一个像素都有一个特定的位置和幅值，该图像为数字图像，如图 2-1 所示。

数字图像由二维元素组成，每个元素都有特定的位置和幅值，包含一个坐标 (x,y) 和一个响应值 $f(x,y)$，每个元素也称为数字图像的一个像素。

在计算机中，当一幅图像被放大后就可以明显看出图像是由很多方格形状的像素构成的，如图 2-2 所示。

为了表示像素之间的相对位置和绝对位置，通常还需要对像素的位置进行坐标约定。行

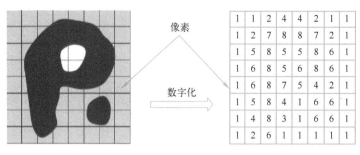

图 2-1　数字图像

列数（M 行、N 列）必须为正整数，每个像素点对应于一个整数坐标位置(x,y)。每个像素包括两个属性：位置和灰度，如图 2-3 所示。

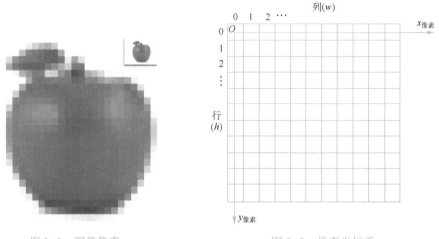

图 2-2　图像像素　　　　　　　　　图 2-3　像素坐标系

计算机只能处理数字量，而不能直接处理模拟图像，所以需要在使用计算机处理图像之前进行图像数字化。对连续图像 $f(x,y)$ 进行数字化处理，需要在空间上实施图像抽样：x 方向，抽样 M 行；y 方向，每行抽样 N 点。整个图像共抽样 $M{\times}N$ 个像素点。在幅度上实施灰度级量化。

数字图像的色彩深度（位深度）表示每个像素可以存储的颜色信息的数量。常见的位深度有 8 位（256 色）、24 位（真彩色）和 48 位（高动态范围图像）。较高的位深度可以提供更丰富的颜色表现能力。对于灰度图像而言，位深度为 8 位，每个像素可用一个整数值来表示，其范围通常为 0～255。其中 0 表示最低亮度（黑），255 表示最高亮度（白），其他值表示中间灰度。数字图像常用矩阵来表示：$f(i,j)$ 的取值范围为 0～255。将一幅图像转换成数字矩阵，见式（2-1）。

$$f(x,y)=\begin{bmatrix} f(0,0) & f(0,1) & \cdots & f(0,N-1) \\ f(1,0) & f(1,1) & \cdots & f(1,N-1) \\ \vdots & \vdots & & \vdots \\ f(M-1,0) & f(M-1,1) & \cdots & f(M-1,N-1) \end{bmatrix} \tag{2-1}$$

将图像划分为 $M{\times}N$ 的矩阵，每个矩阵都有自己对应的坐标(x,y)，每个像素值是该位置内灰度值的平均值，如图 2-4 所示。

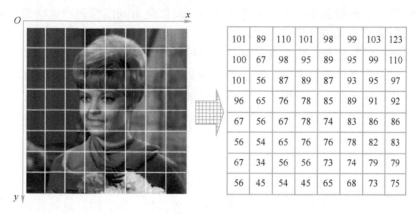

图 2-4　将图像转换为数字矩阵

数字图像的分辨率指的是图像中每个单位长度（如 in、cm）所包含的像素数目，通常用像素/in（PPI）或像素/cm（PPC）来表示。二维图像的分辨率通常表示为水平像素数乘以垂直像素数。例如，一个分辨率为 1920×1080 的图像意味着图像宽度为 1920 个像素、高度为 1080 个像素。分辨率越高，图像的细节就更加清晰，但同时也会占用更多的存储空间和计算资源。分辨率的大小取决于图像采集设备的性能和设置，如相机的像素数目、扫描仪的扫描分辨率等。

在数字图像处理中，重采样是改变数字图像的分辨率的最常用的方法之一，它通过增加或减少图像中的像素数量来改变分辨率。常见的重采样方法包括最近邻插值、双线性插值等。

2.1.2　图像的采样和量化

图像数字化，是指将模拟图像经过离散化之后，得到用数字表示的图像。图像数字化包括空间离散化（即采样）和明暗表示数据的离散化（即量化）。

1. 采样

采样是指在空间域中选择图像的一系列点或像素来表示原始图像的过程。它将连续的模拟图像在水平和垂直方向上离散化为一个个离散的像素。如图 2-5 所示，把一幅连续图像在空间上分割成 $M×N$ 个网格，每个网格用一个亮度值来表示。一个网格称为一个像素。$M×N$ 的取值满足采样定理。

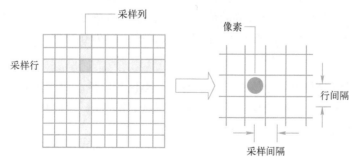

图 2-5　采样示意图

采样过程中，需要确定采样率或采样间隔，即在图像中选择像素的频率。采样的频率决定了每个单位距离上选择多少个点。采样率越高，离散化后的图像表示越精细。采样过程可以使用不同的插值算法来估计像素之间的值。

采样是对坐标的数值化，实质就是要用多少点来描述一幅图像。采样结果质量的高低可以用图像分辨率来衡量。简单来讲，对二维空间上连续的图像在水平和垂直方向上等间距地分割成矩形网状结构，所形成的微小方格称为像素点。一幅图像就被采样成有限个像素点构成的集合。例如，一幅 640×480 分辨率的图像，表示这幅图像由 640×480 = 307 200 个像素点组成。

2. 量化

把采样后所得的各像素的灰度值从模拟量到离散量的转换称为图像灰度的量化，即灰度的离散化。量化是对幅值的数字化，它将连续的颜色值转换为有限的离散级别。在数字图像中，常用的量化方式是将每个像素的颜色值映射为最接近的离散级别。这通常通过将连续的颜色值映射到一个固定的彩色模型或调色板来实现。

量化是指要使用多大范围的数值来表示图像采样之后的每一个点。假设有一个灰度图像，其中每个像素的颜色值在 0~255 之间。为了进行量化，可以将这个范围划分为若干离散级别。例如，可以将 0~255 的范围平均分成 16 个级别，每个级别代表一个离散的颜色值。对于每个像素，根据其灰度值，将其映射到最接近的离散级别。这样，原始图像的连续灰度值就被量化为有限的离散级别，从而生成数字图像。

量化的结果是图像能够容纳的颜色总数，量化位数越来越大，表示图像可以拥有更多的颜色，可以产生更为细致的图像效果，但是也会占用更大的存储空间。例如，如果以 4 位存储一个点，就表示图像只能有 16 种颜色；若采用 16 位存储一个点，则有 2^{16} = 65 536 种颜色。灰度级一般为 0~255（8 位量化），即用 0~255 描述 "黑~白" 灰度级。

2.1.3 图像类型

根据每个像素所代表信息的不同，可将图像分为灰度图像、二值图像、彩色图像以及索引图像等。

1. 灰度图像

灰度图像是只包含灰度信息的图像，每个像素的颜色值表示亮度或灰度级别。它使用单个通道来表示图像，通常以 8 位位深度表示，范围为 0~255（0 表示黑色，255 表示白色）。这类图像通常显示为从最暗（黑色）到最亮（白色）的灰度，每种灰度（颜色深度）成为一个灰度级。灰度图像是指每个像素的信息由一个量化的灰度来描述的图像，没有彩色信息，1 字节（8 位）可表示 256 级灰度，像素取值范围一般为 0~255。

2. 二值图像

二值图像是只包含两个颜色值的图像，通常是黑色和白色。每个像素只有两种可能的取值，通常使用 1 位来表示。即图像上的每一个像素点的像素值只有两种可能的取值或灰度等级状态，人们经常用黑白图像表示二值图像。

3. 彩色图像

彩色图像是包含红（R）、绿（G）、蓝（B）等多个颜色通道的图像。每个像素由多个颜色分量表示，通常使用 24 位位深度（8 位红色、8 位绿色、8 位蓝色）来表示。彩色图像可以呈现丰富的颜色和细节。自然界几乎所有颜色都可以由红、绿、蓝三种颜色组合而成，通常称它们为 RGB 三原色。如图 2-6 所示，彩色图像是指每个像素由 R、G、B 分量构成的图像，其中 R、G、B 由不同的灰度级来描述，每个分量有 256 级灰度。3 字节（24 位）可表示一个像素。通过 3 种基本颜色可以合成任意颜色。通过控制 RGB 三原色的合成比例可决定该像素的最终显示颜色。

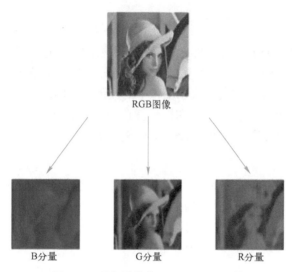

图 2-6　彩色图像的 R、G、B 三通道

　　一般彩色图像的像素有 R、G、B 三通道，对于 RGB 三原色中的每种颜色，可以像灰度图那样使用等级范围 [0~255] 来表示，如图 2-7 所示。这样每种原色可以用 8 位二进制数据表示，总共需要 24 位二进制数，这样能够表示的颜色种类数目为 $256 \times 256 \times 256 = 2^{24}$（即 16 777 216，通常记为 16M）。

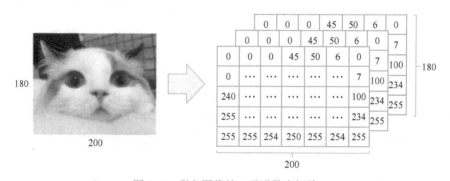

图 2-7　彩色图像的三通道数字矩阵

4. 索引图像

　　索引图像是指每个像素的颜色值是通过在调色板或颜色映射表中查找索引值对应的颜色来确定的。在索引图像中，不同的颜色由一组预定义的索引值表示，而不是直接使用 RGB 值或其他颜色表示方式。索引图像的颜色信息存储在调色板中，它是一个包含颜色映射关系

的表格。每个索引值与调色板中的一个具体颜色相关联。图像中的每个像素都包含一个索引值，通过该索引值在调色板中查找相应的颜色。

索引图像的优势在于它们可以通过使用较低的位深度来表示丰富的颜色信息，从而节省存储空间。此外，索引图像还可以实现颜色的一致性，使得在不同的设备和平台上显示相同的图像颜色更为容易。索引图像常用于特定应用，如 8 位调色图像、GIF（图像交互格式）动画和特定的图像处理技术。

2.1.4　彩色模型

在彩色图像处理中，选择合适的彩色模型是很重要的。彩色模型又称为颜色空间，是描述使用一组值（通常使用 3 个值、4 个值或者颜色成分）表示颜色的抽象数学模型。彩色模型是一种数学表示方法，用于描述和表示图像中的颜色。它们定义了如何将颜色信息转换为数字值，并提供了一种在计算机上处理和操作颜色的方式。常见的彩色模型有 RGB 彩色模型、CMYK 彩色模型、HSI 彩色模型和 HSV 彩色模型等。

1. RGB 彩色模型

每种颜色都可以使用红、绿、蓝三种基本光学三原色来描述。RGB 彩色模型建立在笛卡儿坐标系中，其中三个坐标轴分别代表 R、G、B 三基色，如图 2-8 所示。RGB 可以看作三维直角坐标颜色系统中的一个单位正方体。

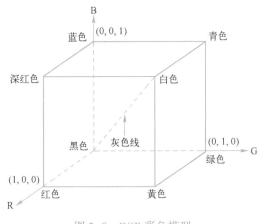

图 2-8　RGB 彩色模型

任何一种颜色在 RGB 彩色模型中都可以用三维空间（立方体上或内部）中的一个点来表示。这个点在坐标轴上的三个分量分别表示 RGB 三原色的各个分量的值，由这三原色构成所有的真彩色效果。每个像素对于 R、G、B 这三个分量又通常称之为三个独立的色彩通道。原色相加可产生二次色。如深红色（红加蓝）、青色（蓝加绿）和黄色（红加绿）。

在图 2-8 所示彩色模型中，每个颜色通道的取值采用归一化数值表示，每种颜色通道的取值范围被规定在 0~1 之间。通常，原始的 RGB 模型使用 8 位无符号整数表示，范围为 0~255，其中 0 表示最小亮度，而 255 表示最大亮度。然而，在归一化表示中，取值范围被映射到 0~1 之间的实数范围。

在 RGB 彩色模型中，当三种基色的亮度值均为 0 时，即在原点处，RGB(0,0,0) 就显示为黑色；当三种基色都达到最高亮度时，RGB(1,1,1) 就表现为白色。在连接黑色与白色的对角线上，是亮度等量的三基色混合而成的灰色，该线称为灰色线。

2. CMYK 彩色模型

CMYK 彩色模型是一种用于印刷和打印应用的彩色模型，它基于四种颜色：青色（Cyan）、洋红色（Magenta）、黄色（Yellow）和黑色（Black）。CMYK 彩色模型是一种应用相减原理的色彩系统。当阳光照射到一个物体上时，这个物体将吸收一部分光线，并将剩下的光线进行反射，反射的光线就是人们所看见的物体颜色。该模型的基色为青色（C）、洋红色（M）和黄色（Y）。这三种基色是光的二次色，是颜料的原色。CMYK 彩色模型通过不同程度的基色的叠加来表示其他颜色。这些基色表示在印刷过程中使用的相应色彩油墨的浓度。CMYK 彩色模型的颜色表示方式是通过 4 个分量的数值来描述的，每个分量的取值范围通常是 0~100，表示颜色油墨的浓度。例如，(0, 0, 0, 100)表示纯黑色，而(0, 0, 0, 0)表示无油墨，即白色。

由于 CMYK 和 RGB 是不同的彩色模型，它们使用不同的颜色表示方式，因此需要特定的转换公式来进行转换。

CMYK 彩色模型是一个有限的彩色模型，它不能准确地表示所有可能的颜色。由于油墨和打印机的限制，CMYK 彩色模型的色域比起其他彩色模型（如 RGB）要小。CMYK 彩色模型广泛应用于印刷和打印行业，如制作杂志、书籍、海报、传单等印刷品，以及彩色打印机和复印机等设备。

3. HSI 和 HSV 彩色模型

当人观察一个彩色物体时，通常用色调（Hue，H）、饱和度（Saturation，S）、亮度（Intensity，I）及明度（Value，V）来描述。HSI 彩色模型由色调、饱和度、亮度作为基础描述。HSI 彩色模型如图 2-9a 所示。

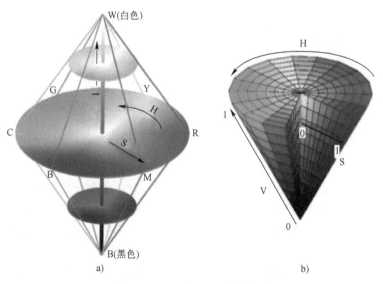

图 2-9　HSI 和 HSV 彩色模型
a）HSI 彩色模型　b）HSV 彩色模型

色调（H）：色调是色彩的基本属性，就是平常说的颜色的名称，如红色、黄色等。色调是描述一种纯色的颜色属性，用角度度量，取值范围为 0°~360°，从红色开始按逆时针方向计算，红色为 0°，绿色为 120°，蓝色为 240°。它们的补色是：黄色为 60°，青色为 180°，品红为 300°。

饱和度（S）：饱和度表示颜色的纯度或鲜艳度，它描述了颜色的饱和程度。较高的饱和度表示颜色更加鲜艳、饱和，而较低的饱和度表示颜色更加淡色、灰调。在 HSI 彩色模型中，饱和度的取值范围通常是 0%~100%，其中 0% 表示灰色（无饱和度），而 100% 表示完全饱和的颜色。饱和度越大，颜色看起来越鲜艳。饱和度（S）由色环的圆心到颜色点的半径表示，距离越长表示饱和度越高。

亮度（I）：强度表示颜色的明亮度或强度。较高的强度值表示颜色较亮，而较低的强度值表示颜色较暗。在 HSI 彩色模型中，强度的取值范围通常是 0%~100%，其中 0% 表示黑色，100% 表示白色。亮度（I）由颜色点到圆锥顶点沿中心轴向的距离表示。

HSV 彩色模型由色调、饱和度和明度作为基础描述。HSV 彩色模型如图 2-9b 所示。

HSV 彩色模型和 HSI 彩色模型最本质的区别是 V 和 I 不同，V 指的是明度，表示颜色的亮度或明度；I 表示颜色的明亮度或强度。HSV 彩色模型只有下半个圆锥，中轴线是灰度。在圆锥的顶点处，V=0，H 和 S 无定义，代表黑色。圆锥的顶面中心处 S=0，V=1，H 无定义，代表白色。而 HSI 彩色模型是两个圆锥的组合，中轴线是灰度（同样，最下面是纯黑，最上面是纯白）。HSV 彩色模型中的明度（Value）表示颜色的亮度或明度级别，与 RGB 彩色模型中的最大分量相关。它的变化影响颜色的整体明暗程度，而不仅是明度组成部分的变化。HSI 彩色模型中的强度（Intensity）表示颜色的明亮度或强度，与 RGB 彩色模型中的平均分量相关。它的变化主要由颜色的明度组成部分决定。

HSI 彩色模型是一种感知模型，它更贴近人眼对颜色的感知和理解。然而，HSI 彩色模型并不是一个标准的彩色模型，其在计算机图形和图像处理中的应用有时需要进行转换和适应。

2.2 机器视觉软件

机器视觉软件是一类计算机程序，用于处理和分析数字图像和视频，从中提取信息并做出决策，是智能图像处理中非常重要的工具。

2.2.1 常用机器视觉软件

1. OpenCV 视觉软件

OpenCV（Open Source Computer Vision Library）是近年来流行的开源、免费的计算机视觉库，利用其所包含的函数可以很方便地实现数字图像和视频处理。OpenCV 是一个跨平台计算机视觉库，可以运行在 Linux、Windows、Android 和 Mac OS 等操作系统上。编程接口支持 C、C++、Python、C#、Java 等编程语言，最大优点是开源，可以进行二次开发。由于是开源软件，因此其版本繁多，函数库复杂，执行效率不高，比较适用于科研和学习，不适合工业应用。

2. Halcon 视觉软件

Halcon 是德国 MVtec 公司开发的一套完善的标准的机器视觉算法包，拥有应用广泛的机器视觉集成开发环境。Halcon 功能强大，开放性强，提供了丰富的功能和工具，用于处理和分析图像数据。它包含了高性能的图像处理算法、各种视觉工具和库。功能包括图像预处理、特征提取、目标检测和跟踪、形状分析、测量和校准等。Halcon 支持多个操作系统平台，包括 Windows、Linux 和 Mac OS。Halcon 提供了多种编程接口，包括 C++、C#、Python 等，提供了直观易用的图形用户界面（GUI），使用户能够快速配置和调整视觉处理流程。

3. NI Vision 视觉软件

NI Vision 是由美国 National Instruments（NI）公司开发的视觉软件套件。NI Vision 紧密集成于 NI 的 LabVIEW 开发平台中。LabVIEW 是一种图形化编程环境，方便用户进行视觉应用的开发和调试。

NI Vision 可以与 NI 的硬件设备集成，如图像采集卡、工业相机等。这些硬件设备与 NI Vision 软件无缝配合，提供高质量的图像采集和处理能力，适用于工业自动化和高速视觉应用。NI Vision 不仅可以通过 LabVIEW 进行图形化编程，还支持使用 C++、C#等编程语言进行开发。NI Vision 提供了丰富的开发工具和资源。

4. VisionPro 视觉软件

VisionPro 是由 Cognex 公司开发的一款商业机器视觉软件。作为一种领先的视觉软件解决方案，VisionPro 具有强大的图像处理和分析功能，用于实现自动化生产中的视觉检测、测量和定位等任务。

VisionPro 提供了广泛的图像处理和分析功能，包括图像滤波、边缘检测、形状匹配、目标定位和跟踪、颜色识别、二维码识别等。它具有高性能的算法和工具库，可用于处理复杂的图像数据和场景。VisionPro 具有高速的图像处理能力和稳定性，能够在实时应用中实现快速而准确的视觉检测和分析。它支持多线程和多核处理，可以处理大量的图像数据，并且能够应对高要求的工业环境。VisionPro 可在多个操作系统平台上运行，包括 Windows 和 Linux。这使得开发人员能够在不同的硬件和操作系统环境下使用 VisionPro，并将其灵活应用于各种工业应用。

VisionPro 提供了全面的开发工具包，包括示例代码、文档和教程。它还提供了丰富的应用程序接口（Application Program Interface，API），支持各种编程语言，如 C++、C#和 Python。通过高级语言调用 VisionPro 控件，能够方便且灵活地开发出自己的视觉应用程序。

VisionPro 视觉软件在功能性、性能和灵活性方面具有一定的优势。它的强大图像处理和分析功能、高速稳定性、友好的用户界面以及全面的开发工具包使其成为许多工业应用和视觉系统的首选软件之一。

2.2.2　VisionPro 软件介绍

VisionPro QuickBuild 应用程序是 VisionPro 软件包的一部分，其提供了一个交互式环境。在 VisionPro QuickBuild 交互式开发环境中，可以非常迅速地创建自己的视觉应用程序，可以获取图像，通过多种视觉工具的组合来分析图像，也可以分析工具的运行结果，以判断所进行的检测是否符合品质要求。它可以使用多种相机并根据需要设置多种不同的相机触发模式，也可以利用已有的图像文件。

1. 主要架构

VisionPro QuickBuild 软件架构包括三个级别：应用程序、作业（Job）、工具组（Tool-Group）。VisionPro QuickBuild 软件运行开始界面如图 2-10 所示，应用程序下可以有多个作业，作业下可以包含多个工具组。

（1）作业　作业（Job）是 QuickBuild 工程的基本组成单位，一个 QucikBuild 应用程序

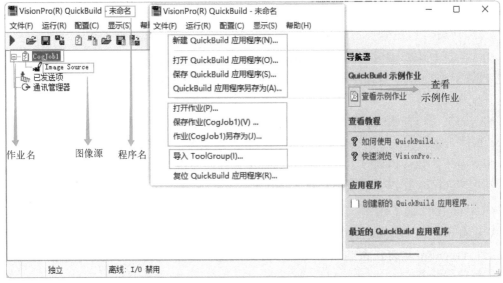

图 2-10　VisionPro QuickBuild 软件运行开始界面

至少含有一个 Job，工程中所有的 Job 是并行结构，各个 Job 之间不会相互影响。每个 Job 中默认包含一个 ToolGroup，用户可以在默认的 ToolGroup 中添加项目所需的工具和工具块。工具块（ToolBlock）与工具组（ToolGroup）都是工具的"容器"，通过使用工具块与工具组可以将完成某一功能的工具进行封装，实现项目模块化，同时可将某一特定功能的工具块或工具组导出实现重复使用。工具块中也可以包含工具块与工具组。

　　每一个 Job 都可以配置 QuickBuild 所支持的相机作为图像源，对于含有多个 Job 的视觉应用，可以配置不同的相机作为图像源，也可以选择存储在个人计算机上的 Image 或 Image Database 作为图像源。QuickBuild 刚打开时，其中已经默认包含了一个空 Job，可以单击按钮来添加 Job，如图 2-11 所示。

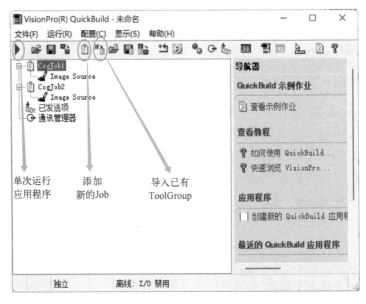

图 2-11　VisionPro QuickBuild 软件菜单简介

（2）图像源配置 刚打开的 Job 编辑器没有任何工具，只有一个图像配置工具 Image Source（图像源）用来配置图像的来源，图像源配置界面如图 2-12 所示。

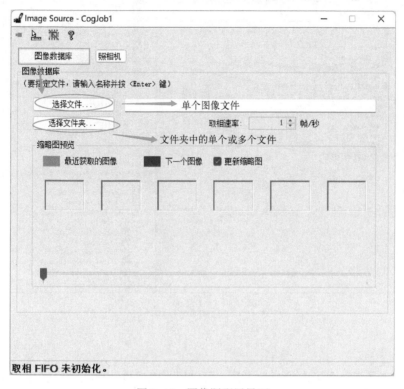

图 2-12 图像源配置界面

在图 2-12 中，有 4 种方式配置图像源。

1）图像文件，支持 .bmp、.tif、.png、.jpg 等格式。

2）图片文件夹，含有上述图像文件的文件夹。

3）图像数据库，.idb、.cdb 格式的图片数据库文件。

4）工业相机，选择工业相机时需要自己配置相机参数。

配置好图像源后，双击 CogJob，弹出作业编辑器。作业由一系列工具组成。双击"工具组"（ToolGroup）按钮，弹出"VisionPro 工具"窗格，从工具组中选择想要添加的工具，双击或者拖拽，就能把工具组的工具添加到左侧的作业编辑器的树状结构组织中。可以将 Image Source 的输出终端 OutputImage 链接到其他视觉工具的输入终端 InputImage 来进行图像传递。

（3）视觉工具流程 图 2-13 所示为已经添加了视觉工具的作业编辑器窗口，此窗口左侧窗格中以树状图展示已经添加的视觉工具。

单击"运行"按钮，左侧所有的视觉工具都将会运行，并将所产生的图形显示到图形窗口中。作业下存在图像源（拍照等）视觉工具（输入和输出），注意箭头的方向确认是输入还是输出。在窗口左侧窗格中，工具按排列顺序执行。可以通过拖动调整工具顺序；可以通过拖动连接终端，传递数据；不可以逆向连接终端。

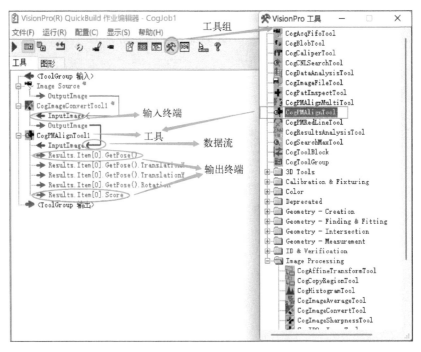

图 2-13　作业编辑器窗口

2. 主要工具简介

VisionPro 工具组包含了多种视觉工具，可以用于实现自动化视觉检测和图像处理。

（1）常用工具

1）图像预处理工具：包括二值化、滤波、形态学处理等，可以提高图像质量和处理效果。

2）区域工具：包括区域选择、区域合并、区域分割等，可以用于选择和处理图像中的特定区域。

3）测量工具：包括距离测量、角度测量、面积测量等，可以用于对图像中的物体进行测量和定位。

4）模板匹配工具：可以用于检测和定位图像中的特定目标，通过模板匹配的方式实现自动化检测和识别。

5）条码和二维码工具：可以用于读取和识别条码和二维码，支持多种格式和解码方法，用于实现自动化识别和追踪。

6）OCR 工具：可以用于图像中的文字识别，支持多种语言和字体，用于实现自动化文字检测和识别。

除了以上常用工具，VisionPro 工具组还包括了多种高级工具和算法，如形状匹配、表面缺陷检测、颜色识别等，可以满足不同应用场景的需求。

VisionPro 工具组中的工具概述如图 2-14 所示。

（2）不分类工具　不分类工具及其主要功能如图 2-15 所示。

（3）Calibration&Fixturing 工具　Calibration&Fixturing 工具及其主要功能如图 2-16 所示。

图 2-14 VisionPro 工具组中的工具概述

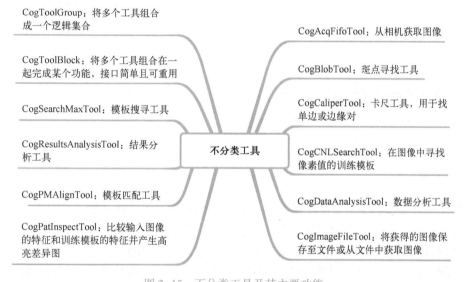

图 2-15 不分类工具及其主要功能

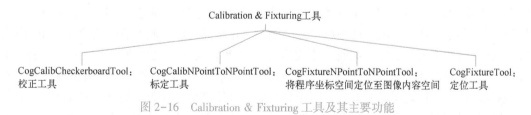

图 2-16 Calibration & Fixturing 工具及其主要功能

（4）Image Processing 工具 Image Processing 工具及其主要功能如图 2-17 所示。

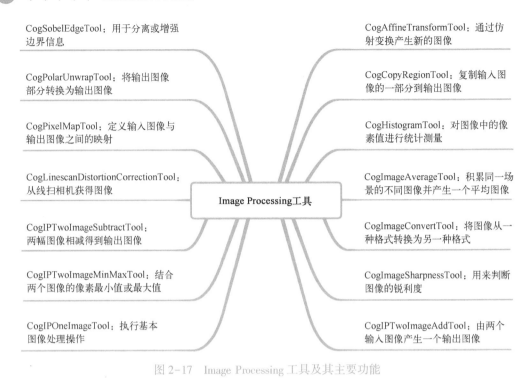

图 2-17　Image Processing 工具及其主要功能

2.3 数字图像处理基本方法

2.3.1 数字图像处理概述

1. 数字图像处理起源

数字图像处理又称为计算机图像处理，它是指将图像信号转换成数字信号并利用计算机对其进行处理的过程。它是通过计算机对图像进行去除噪声、增强、复原、分割、提取特征等各种处理方法和技术，从图像中获取有意义的信息的一系列算法。

数字图像处理最早出现于 20 世纪 50 年代，当时的电子计算机已经发展到一定水平，人们开始利用计算机来处理图形和图像信息。数字图像处理作为一门学科大约形成于 20 世纪 60 年代初期。早期图像处理的目的是改善图像的质量，它以人为对象，以改善人的视觉效果为目的。图像处理中，输入的是质量低的图像，输出的是改善质量后的图像，常用的图像处理方法有图像增强、复原、编码、压缩等。1964 年，美国喷气推进实验室对航天探测器徘徊者 7 号发回的几千张月球照片使用了图像处理技术，如几何校正、灰度变换、去除噪声、增强对比度和锐化图像等方法，由计算机成功地绘制出月球表面地图，获得了巨大的成功。随后又对探测飞船发回的近十万张照片进行更为复杂的图像处理，以致获得了月球的地形图、彩色图及全景镶嵌图，获得了非凡的成果，为人类登月创举奠定了坚实的基础，也推动了数字图像处理这门学科的诞生。在以后的宇航空间技术，如对火星、土星等星球的探测研究中，数字图像处理技术都发挥了巨大的作用。

数字图像处理取得的另一个巨大成就是在医学上获得的成果。1972 年，英国 EMI 公司工程师 Hounsfield 发明了用于头颅诊断的 X 射线计算机断层摄影装置，也就是通常所说的 CT（Computed Tomography，计算机断层扫描）。其基本方法是根据人的头部截面的投影，经计算机处理来重建截面图像，称为图像重建。1975 年，EMI 公司又成功研制出全身用的 CT 装置，获得了人体各个部位鲜明清晰的断层图像。1979 年，这项无损伤诊断技术获得了诺贝尔奖。与此同时，图像处理技术在许多应用领域受到广泛重视并取得了重大的开拓性成就，如航空航天、生物医学工程、工业检测、机器人视觉、公安司法、军事制导、文化艺术等，使图像处理成为一门引人注目、前景远大的新型学科。

随着计算机硬件性能的提升，实时处理允许图像处理算法在实时应用中进行快速处理，如视频流处理、机器视觉等。此外，数字图像处理技术也越来越多地集成到嵌入式系统中，如智能手机、摄像头、安防系统等。

2. 数字图像处理的基本步骤

（1）图像获取　图像获取是数字图像处理的第一步，通常是通过数字相机、扫描仪或其他图像采集设备来获取数字图像。图像采集过程中需要考虑图像分辨率、光照条件、噪声等因素。

（2）图像变换　图像变换往往采用各种方法，如傅里叶变换、沃尔什变换、离散余弦变换、小波变换等间接处理技术，不仅可减少计算量，而且可获得更有效的处理。

（3）图像预处理　图像预处理是为了减少噪声、增强对比度、平滑图像等，从而提高后续处理的效果。常见的图像预处理包括去噪、滤波、直方图均衡化、边缘检测等。

图像预处理主要包括图像增强和图像复原。图像增强是调整图像的对比度，突出重要细节，改善图像质量。图像复原是去噪声、去模糊，使得图像能够尽可能地贴近原始图像。图像复原一般需要建立"降质模型"，再通过某种滤波方法，达到复原图像的效果。图像增强不考虑图像降质的原因，仅突出感兴趣的部分。常见的图像增强技术包括调整图像的亮度、对比度、色彩平衡、锐化等。

（4）特征提取　特征提取是指从图像中提取有用信息的过程，如颜色、形状、纹理等。常见的特征提取方法包括边缘检测、角点检测、尺度不变特征变换（SIFT）、主成分分析（PCA）等。

（5）图像分割　图像分割是将图像分成不同的区域或对象的过程。图像分割的目标是根据像素之间的相似性和差异性，将图像分为具有相似属性的区域，以便进一步分析和处理。常见的图像分割方法包括基于阈值的分割、边缘检测、区域生长、聚类等。

（6）特定应用处理　根据具体的应用需求，可以对图像进行特定的处理，如图像分类、目标检测和识别、图像重建、图像合成等。目标检测和识别是在图像中检测和识别感兴趣的目标或物体，可以基于机器学习、深度学习、特征匹配等方法实现。

（7）图像结果输出　最后，处理后的图像可以以各种形式输出，如数字图像、文本、报表等。输出的格式和方式取决于具体的应用需求。

2.3.2　空间域图像处理基本方法

数字图像处理可以分为两个域：空间域和频域。空间域又称为图像空间，是指由图像像元组成的空间。在图像空间中，以空间坐标作为变量进行研究，以长度（距离）为自变量直接对像元值进行处理称为空间域处理。与空间域相对应的是频域，以频率作为变量进行研究，是将图像通过傅里叶变换变换到频域。空间域图像处理的主要形式为空间域滤波。

空间域滤波在点运算（即图像中的每个像素值）上按照某个特定的公式进行变换，其中典型的方法为灰度变换。

1. 灰度变换

灰度变换是图像增强的一种重要手段，用于改善图像显示效果，属于空间域处理方法，它可以使图像动态范围加大，使图像对比度扩展，图像更加清晰，特征更加明显。灰度变换的实质就是按一定的规则修改图像每一个像素的灰度，从而改变图像的灰度范围。

常见的灰度变换包括线性灰度变换——图像反转，非线性灰度变换——对数变换和伽马变换等。

（1）图像反转　在数字图像中，像素是基本的表示单位。对于单色图像，它的每个像素的灰度值用[0,255]区间内的整数表示，即图像分为256个灰度等级。反转变换属于线性变换，变换公式如下：

$$s = L - 1 - r \tag{2-2}$$

式中，r 为原像素值；L 为 k 位灰度级的最大值 2^k；s 为反转后得到的像素值。

图像反转是将图像的灰度值反转，若图像灰度级为256，则新图像的灰度值为255减去原图像的灰度值。采用这种方式反转的图像的灰度级，会得到类似于图片底片的效果。

图2-18所示为图像反转前后对比，原图像是乳房数字X射线照片，其中显示有一小块病变，通过图像反转就很容易看到病变区域。

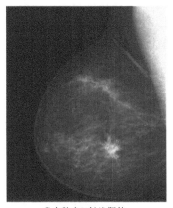 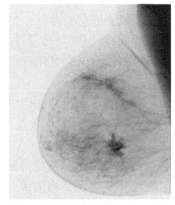

乳房数字X射线照片　　　　　　　　　反转后照片

图2-18　图像反转前后对比

下面用 VisionPro 软件进行图像反转的操作，主要采用两个工具，首先用 CogImageCovertTool 工具将输入的彩色图像转变成灰度图像，如图2-19所示。

然后选用 VisionPro 工具中的 Image Processing 下面的 CogIPOneImageTool 工具中的"像素映射"模块实现图像反转。双击打开 CogIPOneImageTool 工具，添加"像素映射"模块。如图2-20所示，设置输入范围[0,255]和其相对应的输出范围[255,0]，单击"设置范围"按钮，运行后右侧显示反转后的图像。

（2）直方图均衡化

1）灰度直方图。灰度直方图是描述一幅图像中各个灰度级别出现频率的统计工具。它

图 2-19 彩色图像转变成灰度图像

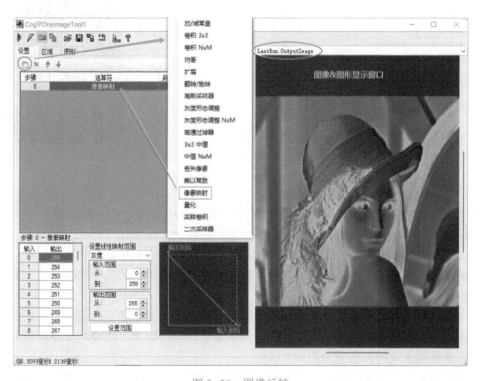

图 2-20 图像反转

表示图像中每个灰度级别（从 0 到最大灰度级别）对应的像素数量或像素比例，描述了图像中的灰度分布情况，能够很直观地展示图像中各个灰度级所占的比例。

直方图反映了图像中的灰度分布规律。它描述每个灰度级具有的像素个数，但不包含这些像素在图像中的位置信息。图像直方图不关心像素所处的空间位置，因此不受图像旋转和平移变化的影响，可以作为图像的特征。任何一幅特定的图像都有唯一的直方图与之对应，但不同的图像可以有相同的直方图。

在灰度直方图中，横坐标表示灰度级别，纵坐标表示对应的像素数量或像素比例。对于离散的灰度级别，灰度直方图可以表示为一个离散的函数。

灰度直方图的函数形状和分布反映了图像中不同灰度级别的出现频率和分布情况。通过对灰度直方图的分析，可以了解图像的亮度分布、对比度和灰度级别的分布情况，从而进行图像处理和分析。

图像的直方图显示如图 2-21 所示。用 Image Source 添加输入图像，用 CogImageConvert-Tool 转换成灰度图像，然后选用 VisionPro 工具中的 Image Processing 下面的 CogHistogramTool 工具。运行后，左边显示图像的统计信息，包括中值、均值、方差等，中间显示的是 [0～255] 之间的各个灰度值的像素个数和所占比值，最右边是图像的直方图显示。

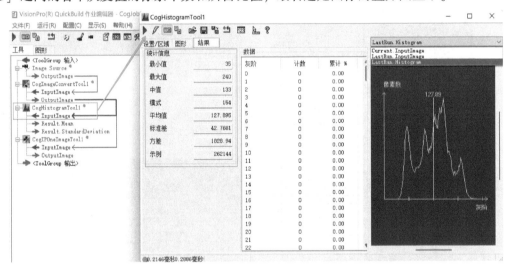

图 2-21　图像的直方图显示

其中，Current. InputImage 是当前要分析的图像；LastRun. InputImage 是最后一次分析的图像；LastRun. Histogram 是灰度值分布的一个平面线图。

2）直方图均衡化。直方图均衡化是一种用于增强图像对比度的图像处理技术。它通过重新分配图像的像素值，使得图像的灰度直方图在整个像素值范围内更均匀分布，从而增强图像的视觉效果和细节可见性。

直方图均衡化的主要思想是将一幅图像的直方图分布通过累积分布函数变成近似均匀分布，从而增强图像的对比度。为了将原图像的亮度范围进行扩展，需要一个映射函数，将原图像的像素值均衡映射到新直方图中。

直方图均衡化的步骤为：依次扫描原始灰度图像的每一个像素，计算出图像的灰度直方图；计算灰度直方图的累积分布函数；根据累积分布函数，将原始图像的每个灰度级别映射到新的灰度级别，以实现均匀分布。映射可以通过使用线性插值或查找表的方式完成。最后，使用映射后的灰度级别替换原始图像的对应像素值，得到均衡化后的图像。

VisionPro 视觉软件 CogIPOneImageTool 工具箱中的"Equalization"（均衡）模块可完成直方图均衡化算法。图 2-22 所示为对图像进行直方图均衡化前后比较，可以看出处理后图像的对比度明显增加了。

图 2-22　对图像进行直方图均衡化前后比较

CogIPOneImageTool 工具主要用来对单张图像进行算法处理操作，其内部封装了许多图像处理算法，其主要模块如图 2-23 所示。

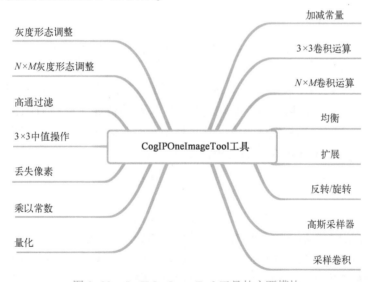

图 2-23　CogIPOneImageTool 工具的主要模块

2. 图像平滑

在图像产生、传输和复制过程中，常常会因为多方面原因而被噪声干扰或出现数据丢失，降低了图像的质量（某一像素，如果它与周围像素点相比有明显的不同，则该点被噪声所感染）。这就需要对图像进行一定的增强处理以减小这些缺陷带来的影响。图像平滑处理属于图像空间滤波（邻域处理）的一种，用于模糊处理和降低噪声。

空间域滤波（邻域处理）是以像元与周围邻域像元的空间关系为基础，通过卷积运算实现图像滤波的一种方法。在离散情况下，卷积运算可以定义为两个离散函数的加权求和，其中一个函数是输入信号，另一个函数是卷积核（也称为滤波器或核）。卷积运算的结果是通过滑动卷积核在输入信号上进行加权求和得到的。

空间域滤波是使用滤波器（形状通常是奇数大小的矩阵区域，也称卷积核）对图像进行像素逐点的操作。空间滤波器由一个滤波器、较小区域和对该区域所包围图像像素执行的预定义操作组成。如图 2-24 所示，针对图像对应的矩阵，使用一个参考矩阵（卷积核）在图像矩阵中从左到右、从上到下地进行移动，移动到指定位置时，滤波产生一个新像素。卷积核中心元素对应的图像矩阵像素的新值等于卷积核所有元素值与图像矩阵和卷积核重合范围内的对应元素相乘后累加得到的值。新像素的坐标等于邻近中心的坐标。滤波器的中心访问输入图像中的每个像素后，就生成了滤波后的图像。

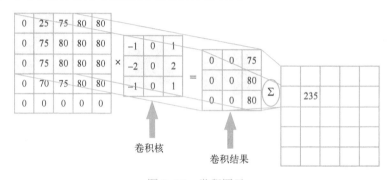

卷积核　　卷积结果

图 2-24　卷积图示

图像平滑是一种区域增强的算法，方法有很多，比如均值滤波、高斯滤波、中值滤波等。

（1）均值滤波　均值滤波是将一个 $m \times n$（m、n 为奇数）大小的卷积核放在图像上，中间像素的值用卷积核覆盖区域的像素平均值替代。采用均值滤波模板对图像噪声进行滤除。均值滤波器可由一个归一化卷积框完成。它只是用卷积框覆盖区域所有像素的平均值来代替中心元素。例如，一个 3×3 标准化的卷积核 k 可以表示为

$$k = \frac{1}{9} \begin{bmatrix} 1 & 1 & 1 \\ 1 & 1 & 1 \\ 1 & 1 & 1 \end{bmatrix} \tag{2-3}$$

均值滤波是指通过邻域简单平均对图像进行平滑处理的方法，它利用卷积运算对图像邻域的像素灰度进行平均，从而达到减小图像中噪声的影响、降低图像对比度的目的。均值滤波算法简单，计算速度较快。但其主要缺点是在降低噪声的同时使图像变得模糊，特别是在边缘和细节处，而且邻域越大，在去噪能力增强的同时模糊程度越严重。

VisionPro 软件用 CogIPOneImageTool 中的"卷积"模块可实现滤波功能。如图 2-25 所示，操作步骤为：①选择输入图像；②进行图像转换，转换成灰度图像；③添加 CogI-POneImageTool 工具；④在 CogIPOneImageTool 工具中添加卷积 3×3 功能；⑤设置卷积核的参数，默认参数即为均值滤波的卷积核。然后，单击"运行"按钮，查看均值滤波后的结果。

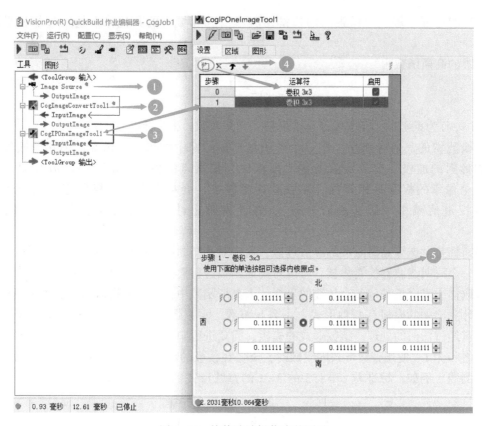

图 2-25　均值滤波操作步骤图示

如图 2-26 所示，左图是加了噪声的彩色图，右图是经过均值滤波后的灰度图。从图 2-26 中可以看出，经过均值滤波后，噪声明显减少了，图像变得平滑了。

图 2-26　对图像进行均值滤波前后比较

（2）高斯滤波　高斯滤波是一种线性平滑滤波，适用于消除高斯噪声，广泛应用于图像处理的减噪过程。高斯滤波即用某一区域的高斯核与图像进行卷积，就是对整幅图像进行加权平均的过程，每一个像素点的值都由其本身和邻域内的其他像素值经过加权平均后得到。

二维的高斯函数为

$$G(x,y) = \frac{1}{2\pi\sigma^2} e^{-\frac{x^2+y^2}{2\sigma^2}} \qquad (2-4)$$

式中，(x,y) 为点坐标，在图像处理中可被认为是整数；σ 是标准差。

高斯滤波的具体操作是：用一个卷积核扫描图像中的每一个像素，用卷积核确定的邻域内像素的加权平均灰度值去替代模板中心像素点的值。对应均值滤波来说，其邻域内每个像素的权重是相等的。而在高斯滤波中，会将中心点的权重值加大，远离中心点的权重值减小（服从高斯分布），在此基础上计算邻域内各个像素值不同权重的和。

高斯核是对连续高斯函数的离散近似，通常对高斯曲面进行离散采样和归一化得出。要想得到一个高斯滤波器的卷积核，可以对高斯函数进行离散化，以模板的中心位置为坐标原点进行取样，将模板其他各个位置的坐标代入高斯函数中，得到的高斯函数值作为模板卷积核值。计算出来的模板有两种形式：小数和整数。小数形式的模板，就是直接计算得到的值，没有经过任何的处理；整数形式的模板，需要进行归一化处理。归一化指的是卷积核所有元素之和为1。使用整数形式的模板时，需要在模板的前面加一个系数，系数为模板中元素和的倒数。例如，标准差 $\sigma = 1.3$ 的 3×3 的整数形式的高斯滤波器的卷积核 k 的计算公式为

$$k = \begin{bmatrix} G(-1,-1) & G(0,-1) & G(1,-1) \\ G(-1,0) & G(0,0) & G(1,0) \\ G(-1,1) & G(0,1) & G(1,1) \end{bmatrix}$$

$$k = \frac{1}{16}\begin{bmatrix} 1 & 2 & 1 \\ 2 & 4 & 2 \\ 1 & 2 & 1 \end{bmatrix} = \begin{bmatrix} 0.0625 & 0.125 & 0.0625 \\ 0.125 & 0.25 & 0.125 \\ 0.0625 & 0.125 & 0.0625 \end{bmatrix} \qquad (2-5)$$

高斯滤波器卷积核的生成最重要的参数就是高斯分布的标准差 σ。标准差代表数据的离散程度，如果 σ 较小，那么生成的卷积核的中心系数较大，而周围的系数较小，这样对图像的平滑效果就不是很明显；反之，σ 较大，生成的卷积核的各个系数相差就不是很大，比较类似均值模板，对图像的平滑效果比较明显。

同样，VisionPro 软件用 CogIPOneImageTool 中的"卷积"模块可实现滤波功能。把卷积核设置为高斯核，其参数设置如式（2-5）所示。卷积高斯核操作前后的图像比较如图 2-27 所示。

另外，VisionPro 软件用 CogIPOneImageTool 中的"高斯采样器"模块也可实现高斯滤波功能，如图 2-28 所示。

总之，核大小固定，σ 值越大，权值分布越平缓。因此邻域各点值对输出值的影响越大，造成图像越模糊。σ 值越小，权值分布越凸起。因此邻域各点值对输出值的影响越小，图像变化越小。假如中心点权值为1，其他点权值为0，则图像没有产生任何变化。σ 值固定时，核越大，图像越模糊，核越小，图像变化越小。

图 2-27　卷积高斯核操作前后的图像比较

图 2-28　高斯采样器操作前后的图像比较

（3）中值滤波　中值滤波是一种典型的非线性滤波技术，中值滤波就是将当前像素点及其邻域内的像素点排序后取中间值作为当前值的像素点。中值滤波的具体实现步骤为：卷积核在图中漫游，卷积核中心与图中某个像素位置重合；读取卷积核中各个对应像素点的灰度值；将这些灰度值从小到大排成一列；找出这些值里面排在中间的一个；将这个中间值赋给当前对应卷积核中心位置的像素。

Image Processing 下面的 CogIPOneImageTool 工具的"中值"功能可以实现中值滤波功能。如图 2-29 所示，左图是有噪声的原始图像，右边为中值滤波后的图像。经过中值滤波后，噪声大大消除了。

均值滤波易受噪声干扰，不能完全消除噪声，只能相对减弱噪声；中值滤波能够较好地消除椒盐噪声，但是容易导致图像的不连续性；高斯滤波能够有效抑制高斯噪声，平滑图像。

可以通过选择合适的核实现各种效果，比如平滑、锐化和浮雕，以及在边缘检测等。锐化卷积核用于增强图像的边缘和细节，使其看起来更加清晰和锐利。

图 2-29　中值滤波前后的图像比较

例如，一个常见的 3×3 锐化卷积核 $\boldsymbol{k}$ 可以是

$$\boldsymbol{k} = \begin{bmatrix} 0 & -1 & 0 \\ -1 & 5 & -1 \\ 0 & -1 & 0 \end{bmatrix} \tag{2-6}$$

浮雕卷积核可以创建一种浮雕效果，使图像中的物体轮廓凸显出来。

例如，一个常见的 3×3 浮雕卷积核 $\boldsymbol{k}$ 可以是

$$\boldsymbol{k} = \begin{bmatrix} -2 & -1 & 0 \\ -1 & 1 & 1 \\ 0 & 1 & 2 \end{bmatrix} \tag{2-7}$$

请注意，上述卷积核仅为示例，并不是唯一可用的选择。根据具体需求，可以使用不同大小和权重的卷积核来实现不同的效果。

3. 形态学处理

形态学处理是一种数学图像处理技术，主要用于分析和处理图像中的形状和结构，如边界和连通区域等。它基于形态学操作，通过改变和调整图像中对象的形状、大小和连接性来实现对图像的增强、分割、去噪、形态学重建等操作。特征形态学的基本思想是利用一种特殊的结构元来测量或提取输入图像中相应的形状或特征，以便进一步进行图像分析和目标识别。

形态学图像处理可以简化图像数据，保持它们基本的形状特性，并除去不相干的结构。形态学图像处理的基本运算有膨胀、腐蚀、开操作和闭操作。

（1）膨胀　膨胀是用结构元素扩展图像中的对象区域，使其变大。

对于二值图像，膨胀将图像的高亮区域或白色部分进行扩张，其运行结果图比原图的高亮区域更大。膨胀是对二值化物体边界点进行扩充，将与物体接触的所有背景点合并到该物体中，使边界向外部扩张。如果两个物体间隔较近，会将两物体连通在一起。膨胀对填补图像分割后物体的孔洞有用。

（2）腐蚀　腐蚀是用结构元素侵蚀图像中的对象区域，使其变小。

与膨胀相反，对二值图像中的高亮区域或白色部分进行缩减细化，其运行结果图比原图的高亮区域更小。腐蚀运算具有缩小图像和消除图像中比结构元素小的成分的作用，因此在实际应用中，可以利用腐蚀运算去除物体之间的粘连，消除图像中的小颗粒噪声。

在 VisionPro 软件中，Image Source 先找到输入的图像，然后用 CogImageConvertTool 进行灰度转换，Image Processing 下面的 CogIPOneImageTool 工具的"灰度形态调整"模块可以实

现腐蚀和膨胀功能，如图 2-30 所示。

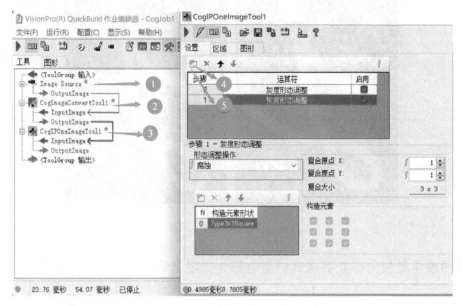

图 2-30　腐蚀和膨胀操作图示

如图 2-31 所示，左图是原始图像，右图为经过两次膨胀后的图像。经过膨胀后，原始图像中的白色区域大大扩大了。

图 2-31　膨胀前后的图像比较

如图 2-32 所示，左图是原始图像，右图为经过两次腐蚀后的图像。经过腐蚀后，原始图像中的小白点大大减少了。

（3）开操作和闭操作

1）开操作是指先腐蚀后膨胀的组合操作，用于去除图像中的噪声和细节。

开操作一般会平滑物体轮廓，断开较窄的狭颈（细长的白色线条）。其作用是将连接在一起的物体分开，这个连接本身是比较细微的，同时可以去除掉一些孤立的点或毛刺。

图 2-32 腐蚀前后的图像比较

2）闭操作是指先膨胀后腐蚀的组合操作，用于填充图像中的孔洞和连接断裂的区域。

闭操作一般也会平滑物体轮廓，与开操作相反，弥合较窄的间断和细长的沟壑。其作用是消除物体内部的一些"小黑洞"，填补轮廓线中的断裂。

CogIPOneImageTool 工具的"灰度形态调整"模块的功能详解如图 2-33 所示。

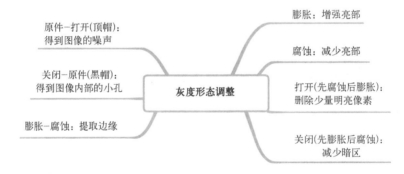

图 2-33 "灰度形态调整"模块的功能详解

4. 图像分割

图像分割是指将图像划分为具有相似特征或语义内容的区域的过程。它是图像处理和计算机视觉领域中的重要任务，旨在将图像中的像素分组成有意义的区域或对象，以便进一步分析和理解图像的内容。从数学角度来看，图像分割是将数字图像划分成互不相交的区域的过程。图像分割的过程也是一个标记过程，即把属于同一区域的像素赋予相同的编号。

图像分割可以根据不同的准则和目标进行，常见的图像分割方法主要分为两类：区域分割和边缘分割。

（1）区域分割 区域分割是指将图像分成不同的区域或者物体的过程。这些区域或物体可以根据像素的灰度、颜色、纹理、形状等特征进行划分。区域分割的目标是将图像分成具有语义上或视觉上一致性的区域，使得同一区域内的像素具有相似的属性，而不同区域之间的像素具有明显的差异。常见的区域分割方法包括阈值分割法。

阈值分割法是一种基于区域的图像分割技术，通过利用图像中同一区域的均匀性来识别不同的区域。这是一种传统的、最常用的图像分割方法，因其实现简单、计算量小、性能较稳定而成为图像分割中最基本和应用最广泛的分割技术。它特别适用于目标和背景占据不同灰度级范围的图像。图像阈值化的目的是要按照灰度级对像素集合进行划分，得到的每个子集形成一个与现实景物相对应的区域，各个区域内部具有一致的属性，而相邻区域不具有这种一致属性。

阈值化图像其实就是对灰度图像进行二值化操作，根本原理是利用设定的阈值判断图像像素为 0 还是 255，所以在图像二值化中阈值的设置很重要。根据阈值选取的不同，二值化的算法分为固定阈值和自适应阈值（动态阈值）。

1）固定阈值：在整个图像中将灰度阈值设置为一个常数，将图像中每个像素的灰度值与该阈值相比较，从而对整个图像进行二值化处理及分割处理。固定阈值二值化方式是常用的二值化方式，但需要不断调整，才能找到最佳阈值。

2）自适应阈值：图像背景的灰度值可能过于复杂，物体和背景的对比度在图像中也有变化，一个在图像中某一区域效果良好的阈值在其他区域却可能效果很差。用一个二值化的值不能很好地对图像进行分类，可以将图像划分为多个子图像（局域），对每个子图像各自设置一个阈值参数，分别做二值化处理，然后将这些子图像进行拼接，实现更加优化的分割。从自适应阈值的作用范围来区分，自适应阈值分为全局阈值和局部阈值。

① 全局阈值：使用自适应全局阈值的全局二值化方法有大津法（也叫最大类间方差法，简称 Otsu 法）、三角法等。在图像二值化过程中，将图像像素分为两个类别：背景和前景。类间方差衡量了这两个类别之间的差异程度，即背景和前景的灰度分布差异。类间方差越大，表示背景和前景之间的差异越明显，分割结果越好。

② 局部阈值：使用自适应局部阈值的局部二值化方法有局部均值处理、局部高斯处理，是指将图片中每个像素点作为局部区域的中心，然后通过求解局部邻域块的均值、局部邻域块的高斯加权和来设定这个区域阈值。

图 2-34 所示为各种阈值分割后的图像。图 2-34b、c 中，自适应阈值分割的像素邻近区域的块大小设置为 5。图 2-34d 中，Otsu 自适应阈值为 90.0，整个图片灰度均值为 59。图 2-34e、f 中，固定阈值设置为 150.0。

（2）边缘分割　边缘分割是从图像中提取出物体的边缘或轮廓。边缘是指图像中灰度或颜色变化明显的区域，通常代表物体之间的边界或者物体内部的结构。边缘是像素值快速变化的地方。所以图像的边缘部分，其灰度值变化较大，梯度值也较大；图像中较平滑的部分，其灰度值变化较小，梯度值也较小。梯度计算是需要求导数的，图像梯度表示的是图像变化的速度，反映了图像的边缘信息。

边缘分割的目标是在图像中标记出物体的边缘部分，使得物体与背景之间的边界更加明确。边缘分割通常通过边缘检测，即利用区域间灰度的突变性，确定区域的边界或边缘的位置来完成图像的分割。其具体做法是：首先利用合适的边缘检测算子提取出待分割场景不同区域的边界，然后对分割边界内的像素进行连通和标注。

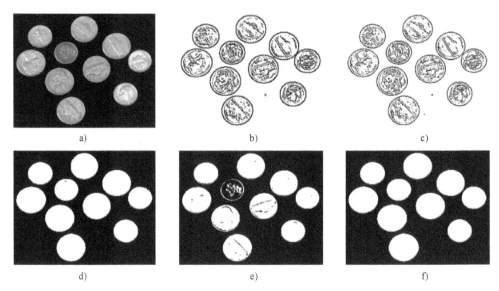

图 2-34　各种阈值分割后的图像

a）原图　b）自适应均值阈值分割后图像　c）自适应高斯阈值分割后图像

d）Otsu 全局阈值分割后图像　e）固定阈值分割后图像

f）固定阈值（为整个图像灰度的均值）分割后图像

为了检测边缘，需要检测图像中的不连续性。图像中边缘处像素的灰度值不连续可通过求导数来检测到。因此常用微分算子进行边缘检测。微分算子主要有 Roberts 算子、Prewitt 算子、Sobel 算子等。

Sobel 算子是最常用的边缘检测算子。使用 Sobel 算子进行边缘检测时，可以通过计算像素点周围的梯度值来获得边缘幅度和边缘角度。边缘幅度是指边缘的强度或者梯度大小。它表示在图像中某一点的像素值变化的程度，即该点周围像素的变化率。通过边缘幅度，可以确定图像中的边缘位置和强度信息。边缘幅度越大，表示该点处有更明显的边缘。而边缘角度可以确定边缘的方向。

Image Processing 下面的 CogSobelEdgeTool 工具可以实现边缘二值化分割功能。CogSobelEdgeTool 是边缘提取工具，一张图像经过 CogSobelEdgeTool 工具处理后能够得到此图像的边缘幅度图像和边缘角度图像。其操作步骤图解如图 2-35 所示。

边缘幅度图像：指基于输入图像中像素的边缘幅度的输出图像。较大的边缘将在输出图像中生成具有较高亮度值的边缘，而较小的边缘将生成具有较暗的灰度值的边缘。

边缘角度图像：指基于输入图像中像素的边缘角度的输出图像。其中 0° 的边缘角度表示垂直于 x 轴的从暗到亮的边缘。边缘角度沿顺时针方向增加。

对于输入图像中没有边缘幅度的像素，Sobel 边缘工具会使用随机值填充输出图像。在 CogSobelEdgeTool 功能中，可以选择后处理阈值处理模式，通过设置高阈值和低阈值来将梯度幅值二值化。

对于"滞后阈值处理"模式，自适应设置低阈值和高阈值。如果图像某点梯度幅值大于高阈值，则该像素保留为边缘像素，令该点灰度值为 255（白色）；如果图像某点梯度幅值小于低阈值，则排除该像素，令该点灰度值为 0（黑色）；如果图像某点梯度幅值介于高阈值和低阈值之间，并且周围 8 邻域内有比高阈值高的像素点存在，令该点灰度值为 255。

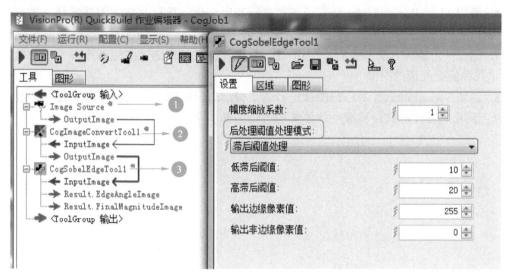

图 2-35 CogSobelEdgeTool 工具操作步骤图解

对于"全像素峰值探测"模式，设定峰值探测阈值，如果图像某点梯度幅值大于高阈值，令该点灰度值为 255，否则令该点灰度值为 0。

如图 2-36 所示，图 2-36a 为原图，图 2-36b 为使用 CogSobelEdgeTool 中的"全像素峰值探测"模式处理后的分割图像，图 2-36c 为使用 CogSobelEdgeTool 中的"滞后阈值处理"模式处理后的分割图像。

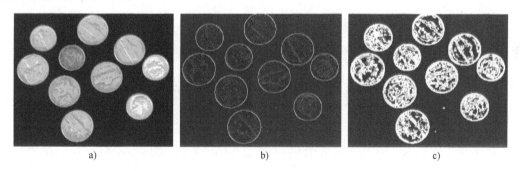

图 2-36 使用 CogSobelEdgeTool 工具的不同模式处理后的分割图像比较
a）原图 b）使用"全像素峰值探测"模式处理后的分割图像
c）使用"滞后阈值处理"模式处理后的分割图像

思考与练习

1. 什么是数字图像？
2. 简述图像数字化矩阵的含义。
3. 在图像采样过程中，怎样提高图像质量？

4. 在量化过程中，若采用 16 位存储一个点，则有多少种颜色？

5. 有哪些常用的彩色模型？

6. 请用 VisionPro 软件对一幅彩色图像进行灰度转化，显示其直方图并解释。进行直方图均衡化图像处理，并比较图像处理前后的变化。

7. 图像平滑滤波方法有哪些？请用 VisionPro 软件对一幅图像实施若干种平滑滤波，并比较这几种滤波处理的图像。

8. 请用 VisionPro 软件对一幅图像进行若干种形态学处理，并比较处理前后的变化。

9. 请用 VisionPro 软件提取一幅图像的边缘图形。

第3章　机器视觉硬件系统

　　机器视觉硬件系统主要包括相机、镜头、光源等。这些硬件组件共同工作，构成了一个完整的机器视觉硬件系统，用于实现各种应用，如目标检测、测量、识别等。机器视觉硬件系统如图 3-1 所示。

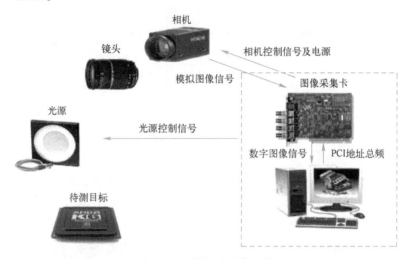

图 3-1　机器视觉硬件系统

3.1 相机

　　视觉行业所用的相机为工业相机，相比于传统的民用相机而言，具有较高的图像稳定性、高传输能力和高抗干扰性能等。

3.1.1 工业相机的分类

　　工业相机的分类见表 3-1。

表 3-1　工业相机的分类

分类方式	分类 1	分类 2
按芯片类型	CCD 相机	CMOS 相机
按扫描方式	隔行扫描相机	逐行扫描相机
按传感器的结构特性	线阵相机	面阵相机
按输出图像颜色	单色相机	彩色相机
按输出信号	模拟相机	数字相机

1. CCD 相机与 CMOS 相机

CCD (Charge Coupled Device, 电荷耦合器件)、CMOS (Complementary Metal Oxide Semiconductor, 互补金属氧化物半导体器件) 是两种最常见的图像传感器，两者的关键差别是传输技术的差异。CCD 在图像质量、屏幕分辨率尺寸、精确度等层面优于 CMOS，但 CMOS 的特点是成本低、功耗低和集成度高。现在随着 CCD 和 CMOS 技术的飞速发展，两者差异将逐步降低。CCD 相机与 CMOS 相机的比较见表 3-2。

表 3-2 CCD 相机与 CMOS 相机的比较

对比项	相 机	
	CCD 相机	CMOS 相机
处理方式	串行处理	并行处理
光线灵敏度和图像对比度	光线灵敏度高，图像对比度高	光线灵敏度低，图像对比度低，高动态范围
噪声	低噪声	存在固定模式噪声
集成度和尺寸	集成度较低，尺寸较大	集成度高，芯片上集成了很多功能，尺寸较小
功耗	功耗一般	功耗较低
成本	成本较高	成本较低

2. 线阵相机与面阵相机

工业相机按照传感器的结构特性可分为面阵相机与线阵相机，如图 3-2 所示。线阵相机是采用线阵图像传感器的相机，芯片呈现出线状。面阵相机实现的是像素矩阵拍摄，可以获取二维图像信息，测量图像直观。线阵相机与面阵相机的主要区别见表 3-3。

图 3-2 面阵相机与线阵相机

表 3-3 线阵相机与面阵相机的主要区别

分 类	主 要 区 别
线阵相机	1. 芯片为线状 2. 相机和物体间要有相对运动才能成像 3. 价格比较高 4. 能够拥有非常高的行频与横向分辨率
面阵相机	1. 芯片为面阵 2. 物体静止或运动都可成像 3. 根据性能，价格不一 4. 可以实时获得二维图像信息，测量图像直观

3.1.2 工业相机的主要参数

1. 分辨率

分辨率是相机最基本的参数，由相机所采用的芯片分辨率决定，是芯片靶面排列的像元数量。通常，面阵相机的分辨率用水平分辨率（H）分辨率和垂直分辨率（V）两个数字表示。分辨率越高，成像后的图像像素数就越高，图像就越清晰。例如：一个相机的分辨率是 1280（H）×1024（V），表示每行的像元数量是 1280，每列的像元数量是 1024，此相机的分辨率是 130 万像素。常用的工业面阵相机分辨率有 30 万（640×480）像素、130 万像素、200 万像素、300 万像素、500 万像素等。对于线阵相机而言，分辨率就是传感器水平方向上的像素数，常见的有 1K（1024）、2K（2048）、4K（4096）等。

2. 像素深度

像素深度，也称为位深度，是指数字图像中每个像素所能表示的色彩或亮度级别的数量。它表示数字图像中每个像素可以存储的信息量。像素深度以位（bit）为单位，常见的位深度有 8 位、10 位、12 位、16 位等。位深度越高，每个像素所能表示的色彩就越多，亮度级别就越高，图像的色彩细节和灰度级别的表现能力也就越丰富，但同时数据量也越大，影响系统的图像处理速度。

例如，8 位像素深度可以表示 256 个不同的亮度级别，通常对应于灰度图像，每个像素可以表示 0（最暗）~255（最亮）的灰度值。分辨率和像素深度共同决定了图像的大小。例如对于像素深度为 8 bit 的 500 万像素，则整张图片应该有 [500 万×8/（1024×1024）] MB ≈ 40 MB。增加像素深度可以增强测量的精度，但同时也降低了系统的速度，并且提高了系统集成的难度。

3. 像元尺寸

像元尺寸，也称为像素尺寸或像元大小，是指数字图像中每个像素在物理空间中所占据的实际尺寸。

像元尺寸通常用长度单位（如毫米、微米或纳米）表示，表示每个像素在实际场景中的宽度和高度。像元尺寸是相机传感器或图像采集设备的一个关键参数，它决定了相机在捕获图像时所能细分的空间精度。较小的像元尺寸可以提供更高的空间分辨率和细节捕捉能力，适用于高精度的测量、显微镜图像等应用。然而，较小的像素尺寸通常意味着每个像素接收的光量更少，这可能导致图像噪声的增加和低光条件下的图像质量下降。此外，较小的像素尺寸也可能导致相机的灵敏度降低。

目前数字工业相机像元尺寸一般为 3~10 μm。像元尺寸越小，制造难度越大，图像质量也越不容易提高。

4. 靶面尺寸

靶面尺寸是指数字相机传感器的物理尺寸，通常以对角线长度来表示。它指的是相机传感器上光敏元件（像元）排列的区域的大小。靶面尺寸是相机性能的一个重要参数，它会直接影响到相机的视场角、图像质量和光学性能。较大的靶面尺寸可以容纳更多的像元，提供更大的视场角和更高的分辨率，能够捕捉到更广阔的景象和更多的细节。

靶面尺寸是相机感光元件所占据的实际物理空间的度量，通常用英寸（in）或毫米（mm）表示。通常，相机厂商用英寸来计量相机芯片尺寸，但在实际计算过程中，需要将芯片各边长度的单位换算成 mm。对于相机芯片尺寸而言，1 in 并不等于 25.4 mm。在这里，1 in 换算成 16mm。如图 3-3 所示，例如 1/2 in 传感器对角线则为 8 mm，一般的传感器的长宽比为 4∶3，则 1/2 in 的传感器长、宽分别为 6.4 mm、4.8 mm。

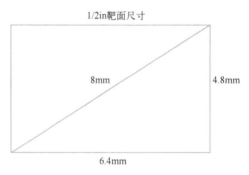

图 3-3　靶面尺寸示意图

相机的靶面尺寸等于像元尺寸乘以相机分辨率。如某相机的分辨率为 2588×1940 的 500 万像素，像元大小为 2.2 μm，则其传感器的尺寸在长度方向为 2588×2.2 μm ≈ 5694 μm = 5.694 mm，在宽度方向为 1940×2.2 μm = 4268 μm = 4.268 mm，对角线方向约为 7.116 mm，即为 1/2.5 in 的传感器。

5. 最大帧率/行频

帧率是指相机每秒钟能够捕捉和输出的图像帧数。它表示相机的图像采集速度和输出速度。帧率越高，相机可以提供更快的图像更新速度，从而适用于高速运动场景或需要实时反馈的应用。

对于某些相机，特别是线阵相机，它们是按行顺序读取图像的。行频表示相机每秒钟能够读取的图像行数，也可以看作是相机的图像采集速度。

6. 曝光和快门

曝光是指相机感光元件（例如面阵相机的传感器）对光线的敏感程度或感光元件接收到的光线量。曝光时间即为像元素感光的时间，也称为快门时间。在相同的外部条件下，曝光时间越长，图像亮度越高，但相应的帧率/行频会降低。在一些飞拍应用中，曝光时间不够短会导致图像拖影。因此需要工业相机具备在极短的曝光时间内成像的特性。

工业相机中的曝光方式分为行曝光与帧曝光。行曝光是指相机会按照一行一行的顺序进行曝光，每一行都具有相同的曝光时间。这种曝光方式适用于线阵相机等特殊类型的相机。

帧曝光是指相机在连续图像捕捉模式下整帧进行曝光的方式。相机会一次性曝光整个图像帧。这种曝光方式适用于面阵相机等常见类型的相机。

常见的电子快门的方式有全局快门和卷帘快门。全局快门是曝光时，传感器上所有像素在同一时刻开启曝光并在同一时刻曝光结束，将物体某时刻的状态成像，所以适合拍摄高速运动的物体。卷帘快门是逐行顺序开启曝光，不同行间曝光的开启时刻有很小的延迟，所以不适合运动物体的拍摄。如果相机的曝光时间过长，就会使速度快的运动物体变模糊。对于运动物体来说,快门时间越短,所获取的图像越精确,即越不模糊。但过短的曝光时间需要的光照强度大大提高,所以应选择合适的快门时间。采用全局快门和卷帘快门拍摄运动物体的图像比较如图 3-4 所示。

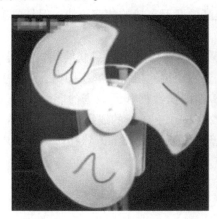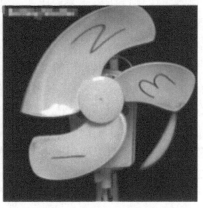

图 3-4 采用全局快门和卷帘快门拍摄运动物体的图像比较

7. 相机接口

相机接口是指用于连接相机和其他设备(如计算机、打印机、存储设备等)的物理连接或通信接口。工业相机和主机之间为了传输图像所建立的一种电气接口,它直接决定了这款相机核心的性能指标以及它的适用范围。工业相机通常有三个基础的接口,即光学接口(镜头)、数据接口与电源接口,如图 3-5 所示。

光学接口　　　电源接口　　　数据接口

图 3-5 相机接口

(1)数据接口　按照接口标准不同,工业相机常用的数字接口有 GigE、USB 3.0、Camera Link、CoaXPress 等类型。

1)GigE 接口。GigE 接口即千兆网接口,作为工业应用图像接口,主要用于高速、大数据量的图像传输,远距离图像传输及降低电缆线成本的远距离传输。该接口拓展性好,传输距离最长可伸展至 100 m,最大数据率约 1000 MB/s。GigE 接口通常支持通过以太网电缆为相机提供电源供应,简化了设备的电力布线。GigE 接口不仅可以用于高速图像传输,还可以通过以太网协议进行相机的控制和配置。这样可以实现远程控制和调整相机参数,方便进行远程操作和监控。

2)USB 3.0 接口。USB 3.0 是串行接口,无需采集卡,连接方便,支持热插拔,CPU 负载较低,速度快但距离短,理论速度极限大约为 3.2 Gbit/s,但是其传输距离短,超过 5 m

基本就不能使用了。

3）Camera Link 接口。Camera Link 标准为 2000 年推出的数字图像信号通信接口协议，是一种串行通信协议，具有小型化和高速率两个优点。该接口适用于对带宽、稳定性及可靠性要求高的场合。该接口传输速度超快，而且高像素下支持的帧率更快，但是要额外购买图像采集卡，成本较高。

4）CoaXPress 接口。CoaXPress 是指一种采用同轴线缆进行互联的相机数据传输标准，是一个非对称的高速点对点串行传输协议，主要用于传输视频和静态图像，线缆多使用单条或多条同轴电缆。CoaXPress 接口具备多通道传输图像数据和元数据的能力。单条同轴线缆的最高传输速率达 6.25 Gbit/s，4 根线缆可达 25 Gbit/s。较长的线缆长度，比如 3.125 Gbit/s 速率下的线长可以达到 100 m，12.5 Gbit/s 速率下可以达到 35 m。该接口易于集成，图像数据传输、控制通信、电源可以使用同一条线缆。

主要数据接口比较见表 3-4。

表 3-4　主要数据接口比较

参　数	GigE 接口	USB 3.0 接口	Camera Link 接口	CoaXPress 接口
速度/ （Mbit/s）	1000	3000	6400	25 600（4 根） 每根 6.25 Gbit/s
距离/m	100（双绞线） >100（光纤）	5（标准无源电缆） >5（光纤）	10	45（CXP-6） 35（CXP-12）
成本	低	低	高	高
优点	1. 拓展性好 2. 性价比高 3. 可管理性高 4. 适用性好	1. 支持热插拔 2. 使用便捷 3. 可连接多个设备 4. 相机可通过线缆供电	1. 高速率 2. 抗干扰能力强 3. 功耗低	1. 数据传输量大 2. 传输距离长 3. 可选择传输距离和传输量 4. 价格低廉，易集成 5. 支持热插拔

（2）光学接口　工业相机与镜头之间的接口为光学接口，一般有 C 接口、CS 接口、F 接口、M42 接口、M12 接口、M58 接口、M72 接口等。

1）C 接口。C 接口是一种常见的工业相机接口，使用了 1 in 直径的螺纹连接，具有相对稳定的连接性能。它广泛应用于机器视觉和工业应用中。

2）CS 接口。CS 接口是 C 接口的升级版本，具有较短的焦距和更大的图像覆盖区域。它在工业相机中较为常见，并适用于广角镜头和较小的图像传感器。

C 接口和 CS 接口非常相似，其直径、螺纹间距都是一样的，只是法兰距不同。法兰距是指机身上镜头卡口平面与机身曝光窗平面之间的距离，即镜头卡口到 CCD/CMOS 感光元件之间的距离。C 接口的法兰距是 17.526 mm，而 CS 接口的法兰距是 12.5 mm。因此，对于 CS 接口的相机，如果想接入 C 接口的镜头，只需要加一个 CS-C 转接环（该转接环的厚度大约是 5 mm），如图 3-6 所示。

3）F 接口。F 接口是较大型传感器的工业相机常用的接口类型。它具有较大的口径（42 mm），适用于高分辨率图像和低光条件下的应用。

4）M42 接口。M42 接口，也称为 T 接口，是一种较为通用的接口，可用于连接不同类型的镜头和相机。它采用螺纹连接，并支持适配环来适应不同的接口规格。

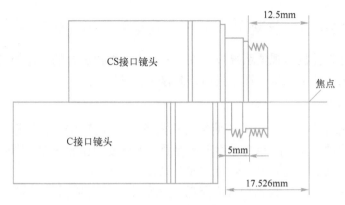

图 3-6　法兰距示意图

5）M12 接口。M12 指的是接口直径是 12 mm（类似的，M42 接口的接口直径是 42 mm，M58 接口的接口直径是 58 mm）。由于 M12 接口的直径比较小，因此这个接口一般在微小工业相机上才会使用。M42 接口和 M58 接口的直径比较大，它们一般用在大靶面的工业相机甚至线扫相机上。这一类接口的法兰距一般和直径成反比。

单反相机上用的基本都是卡口，最常见的是 F 接口和 EF 接口等。它们最大的区别是法兰距不同，F 接口镜头的法兰距比 EF 接口镜头的法兰距要长。F 接口的相机不能搭配 EF 接口的镜头使用，会导致无法清晰对焦和成像；EF 接口的相机可以使用 F 接口和 EF 接口的镜头，但搭配 F 接口的镜头使用时，要使用转接环才能正常聚焦。

以海康机器人工业相机 MV-CH089-10GM（EoL）为例，其参数见表 3-5。

表 3-5　工业相机 MV-CH089-10GM（EoL）的参数

参　　数	性　　能
传感器类型	CMOS，全局快门
传感器型号	Sony IMX267
像元尺寸	3.45 μm×3.45 μm
靶面尺寸	1 in
分辨率	4096×2160 像素
帧率	13 f/s @ 4096×2160
曝光时间	超小曝光模式：1～14 μs 正常曝光模式：15 μs～10 s
快门模式	支持自动曝光、手动曝光、一键曝光模式
黑白/彩色	黑白
像素格式	Mono 8/10/10Packed/12/12Packed
数据接口	GigE 接口
供电	DC 12 V，支持 PoE 供电
典型功耗	3.5 W@ DC 12 V
镜头接口	C 接口
外形尺寸	29 mm×44 mm×59 mm

3.1.3 工业相机的选型

相机的选型是设计机器视觉系统极为关键的一步，选择适合的工业相机需要考虑多个因素，包括应用需求、技术规格、性能指标、兼容性和成本等。

1. 工业相机选型的主要步骤

（1）确定传感器类型 确定需要使用的相机类型是面阵相机还是线阵相机。面阵相机适用于捕捉二维图像，而线阵相机适用于捕捉沿一个维度的连续图像。同时，确定是黑白相机还是彩色相机，以及曝光方式（卷帘式或全局式）。

（2）确定分辨率大小 根据图像质量等应用需求，确定所需的分辨率。这包括确定图像的像素数量和靶面大小。还要考虑适配的光学接口，确保相机和镜头之间的兼容性。

（3）确定帧率/行频 根据实时性等应用需求，确定所需的帧率或行频。帧率指相机每秒捕捉和传输的图像帧数，而行频指相机每秒捕捉和传输的图像行数。同时，选择适合的数据接口以满足所需的数据传输速度和稳定性。

（4）确定工业相机产品系列 根据供应商提供的产品系列等应用需求，选择合适的工业相机产品系列。考虑相机的可靠性、稳定性、技术支持和售后服务等因素，以及供应商的声誉和信誉。

（5）确定特殊需求 如果有特殊的应用需求，例如近红外成像或偏振成像，确定是否需要相机具备这些功能。特殊需求可能需要特定的传感器类型或相机配置。

（6）根据相机参数选择相关产品 根据前面的决策和要求，结合产品规格和技术说明，选择符合需求的具体相机型号。比较不同品牌和型号的相机，并仔细查看其技术参数和性能特点。

2. 工业相机选型示例

如图3-7所示，本产品是长边为75 mm的连接器，来料方向基本不变，被测物为静态拍照状态；检测的PIN针所在区域为67 mm×8 mm；两个PIN针之间的距离的偏差为±0.25 mm，即允许变化范围为0.5 mm；无其他特殊需求。

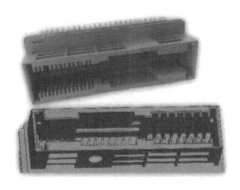

图3-7 连接器图片

（1）确定传感器类型 该用户需要测试固定视野大小的产品，因此选用面阵相机；检测PIN针所在位置，无色彩要求，选择黑白相机；被测物为静态拍照状态，故选择卷帘曝光相机。

（2）视野范围　实际检测区域范围为 67 mm×8 mm，常用视野长宽比例为 4 : 3，视野假设为 72 mm×54 mm。

（3）像素精度　由于需要对产品质量进行稳定性分析，且考虑到边缘像素跳动，针对连接器行业，精度要求通常需要除以 10，则此处为 0.5 mm/10 像素=0.05 mm/像素。

（4）分辨率　长边为 72 mm÷（0.05 mm/像素）=1440 像素，宽边为 54 mm÷（0.05 mm/像素）=1080 像素，则分辨率至少为 1440×1080 像素=1 555 200 像素。

（5）数据接口　为了节省成本和降低方案复杂度，选用千兆网以太网接口。

（6）确定工业相机产品系列　对于 DCCK 系列相机，最终选择分辨率为 200 万像素的卷帘曝光黑白工业面阵相机，即 DC-C108-020G-60GM 相机。

相机产品 DC-C108-020G-60GM 的主要性能参数见表 3-6。

表 3-6　相机的主要性能参数

参　　数	性　　能
传感器类型	1/1.7 in，卷帘快门 CMOS
分辨率	1624×1240 像素
像元尺寸	4.5 μm×4.5 μm
帧频	60 f/s
黑白/彩色	黑白
曝光时间范围	1 μs～10 s
数据接口	GigE 接口
镜头接口	C 接口
靶面尺寸	7.6 mm×5.7 mm

3.2　镜头

镜头在机器视觉系统中的作用是收集光线、聚焦图像、控制视野和视场角、调整图像质量、控制景深以及校正光学畸变。选择适合的镜头对于获取高质量的图像和准确的视觉分析至关重要。镜头的质量直接影响到视觉系统的整体性能。在工业视觉中，镜头主要分为固定焦距镜头、变焦镜头、微距镜头等，在实际应用中，使用最多的就是 FA 定焦镜头。普通 FA 定焦镜头一般由各个光学透镜、光圈、对焦环、光学接口组成，如图 3-8 所示。

光学接口
光圈
对焦环

图 3-8　定焦镜头的组成

3.2.1 镜头的主要参数

1. 焦距

焦距即焦长，是平行光入射时，从透镜光心到光线聚集之焦点的距离。在相机中，焦距是从镜片中心到底片或 CCD 等成像平面的距离，如图 3-9 所示。镜头的焦距决定了视场，也就是镜头能够拍到多"宽"的画面。短焦距会产生较宽的视场，长焦距会产生较窄的视场。

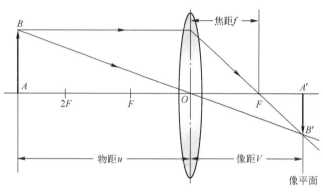

图 3-9　焦距图示

2. 视场角（视角）

像场所对应的景物范围被称为视场（Field Of View，FOV），也称视野范围，即整个系统能够观察的物体的尺寸范围。一般镜头物方端面到被拍摄物体表面的物理距离被称为镜头工作距离（WD），如图 3-10 所示。

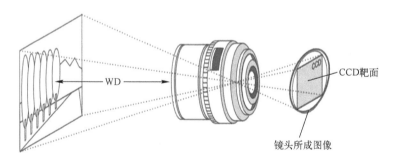

图 3-10　相机、镜头及工作距离

凡通过镜头主轴的平面，从与视场边缘相交的两点引直线至物方主点所形成的夹角，即有效视场角，如图 3-11 所示。

$$\alpha = 2\arctan\frac{H}{2u} = 2\arctan\frac{L}{2v} \tag{3-1}$$

式中，α 为视场角；H 为 FOV 中的物体高度；L 为 CCD 芯片的高度；u 为物距；v 为像距。

另外，焦距也可按式（3-2）计算：

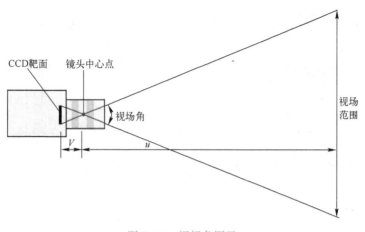

图 3-11　视场角图示

$$焦距 f=\frac{WD\times CCD\ 芯片尺寸(长边尺寸或短边尺寸)}{FOV(长度或宽度)} \tag{3-2}$$

焦距越小，视场角就越大，视野也就相应地更大，因为焦距一般有固定的值，如 5 mm、8 mm，所以可以选实际焦距相应小一号的。

已知用户观察范围为 30 mm×30 mm，镜头工作距离为 100 mm，CCD 尺寸为 1/3 in，那么需要焦距为多长的镜头？

相机 CCD 芯片尺寸为 1/3 in，则 CCD 芯片的长度为 4.8 mm，宽度为 3.6 mm，则焦距 $f=$ [（100×3.6）/30] mm＝12 mm。

一般来说，工业相机镜头的视场角可以是几度到几十度不等。以下是一些常见的视场角范围。

广角视场角：通常指水平视场角大于 70° 的镜头。广角镜头提供较大的视野范围，适用于需要覆盖宽广区域或拍摄近距离物体的应用。

标准视场角：通常指水平视场角在 40°～70° 之间的镜头。标准视场角镜头提供适中的视野范围，适用于一般工业视觉应用，如品质检测、物体定位等。

中等视场角：通常指水平视场角在 20°～40° 之间的镜头。中等视场角镜头适用于需要较小视野范围的应用，如局部检测和细节分析。

小视场角：通常指水平视场角小于 20° 的镜头。小视场角镜头提供较小的视野范围，适用于需要高放大倍率和远距离检测的应用。

3. 景深

景深是指在摄影或光学成像中，被摄物体在图像中呈现清晰焦点的范围。简而言之，景深是指图像中的前景和背景都能够保持清晰的距离范围。在靠近焦点处，光线开始聚集；在焦点前和焦点后，光线开始扩散，点的影像变成模糊的，形成一个扩大的圆，这个圆就叫作弥散圆。如果弥散圆的直径小于人眼的鉴别能力，则在一定范围内实际影像产生的模糊是不能辨认的，这个不能辨认的弥散圆就称为允许弥散圆。通常在被摄物体（焦点）前后各有一个容许弥散圆，这两个弥散圆之间的距离就叫作景深。即，使被摄物体产生较为清晰影像的最近点至最远点的距离就是景深。拍摄主体前面能清晰成像的空间距离叫作前景深，拍摄主体后面能清晰成像的空间距离叫作后景深。镜头景深示意图如图 3-12 所示。

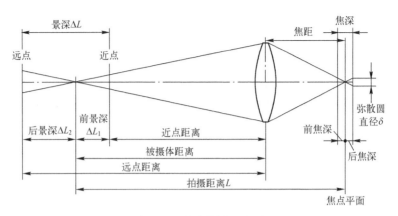

图 3-12　镜头景深示意图

景深与镜头使用光圈、镜头焦距、拍摄距离以及对图像质量的要求（表现为容许弥散圆的大小）有关。镜头焦距越长，景深越小；距离越远，景深越大；光圈越大，景深越小。

4. 光学放大倍率

光学放大倍率是指在光学系统中，通过镜头对被观察物体进行放大的程度。它表示被观察物体在成像中的尺寸相对于原始物体尺寸的比例关系。放大倍率指成像大小和物体大小的比，也为 CCD 尺寸与视场大小之比。即

$$光学倍率(M) = CCD\ 相机元素尺寸/视场实际尺寸$$
$$= 有效感应尺寸(长边尺寸或短边尺寸)/视野(长度或宽度) \quad (3-3)$$

5. 光圈

光圈是镜头的一个重要参数，用于控制镜头进光量的大小。它是一个可调节的孔径，决定了通过镜头进入相机的光线的数量。光圈的大小直接影响摄影中的曝光和景深。

镜头光圈的大小用相对孔径 D/f 来表示，其中 D 为镜头中光线能通过的圆孔直径，f 为焦距。D 越大，能收集和通过的光线越多；同时，焦距 f 越短，这些光线到达成像面的密度越高。

镜头上标注的相对孔径都是以 $1/F$（F 为光圈数，也称焦径比）的倒数来表示的，则光圈数（F）和光圈之间是反比关系。即 F 值越小，光圈越大；F 值越大，光圈越小。

光圈通常用 F 值来表示，如 $f/2.8$、$f/4$、$f/8$ 等。F 值是焦距与镜头口径的比值。较小的 F 值表示较大的光圈开口，能够传递更多的光线；而较大的 F 值表示较小的光圈开口，传递的光线相对较少。

在相机中，到达成像面的照度与相对孔径的二次方成正比，F 值是成倍数调整的，相邻两档的数值一般为约 1.4 倍的关系，常见的光圈 F 值有 1、1.4、2、2.8、4、5.6、8、11、16、22、32、44、64。

3.2.2　镜头的分类

工业镜头不仅种类繁多，而且质量差异也非常大，工业上常根据焦距分类。工业镜头根据焦距能否调节，可分为定焦距工业镜头和变焦距工业镜头两大类。

定焦距工业镜头又可分为鱼眼镜头、短焦镜头、标准镜头、长焦镜头四大类。其中，鱼眼镜头是一种具有极宽广角视野的镜头，通常具有非常短的焦距。它可以提供超广角的视野，图像呈现出特殊的鱼眼效果，具有强烈的畸变和拼接效果。鱼眼镜头广泛应用于需要广角视野的拍摄领域，如全景摄影、安防监控、虚拟现实等。长焦镜头具有较长的焦距，提供较窄的视角，能够将远距离的物体拉近拍摄，放大细节。长焦镜头适用于需要远距离观察和拍摄的场景，如野生动物摄影、体育比赛摄影、航空摄影等。

除了常见的定焦距镜头和变焦距镜头外，还有一些特殊用途的镜头可用于满足特定的摄影和拍摄需求。

（1）显微镜头　一般是指成像比例大于 10:1 的拍摄系统所用的镜头，但由于现在的工业相机的像素尺寸已经做到 3 μm 以内，因此一般成像比例大于 2:1 时也会选用显微镜头。

（2）微距镜头　一般是指成像比例为 1:4~2:1 的范围内的特殊设计的镜头。微距镜头专门设计用于拍摄极小的主题，并提供高放大倍率和近距离对焦能力。它们用于拍摄昆虫、植物、珠宝等细节丰富的主题。

（3）远心镜头　远心镜头的设计使得光线以平行的方式通过镜头，并且在不同的观察角度下具有相同的放大倍率。这意味着远心镜头可以消除透视失真，确保图像在不同位置和观察角度下的尺寸精确且一致。它可以在一定的物距范围内，使得到的图像放大倍率不会随物距的变化而变化，这对被测物不在同一物面上的情况是非常重要的应用。

（4）液态镜头　液态镜头是一种特殊类型的光学镜头，其曲率可以通过改变液体在镜头内的形状而调整。液态镜头通常由两个涂有不同折射率液体的容器组成，液体的厚度和形状的变化会导致镜头的焦距或聚焦能力的调整。

液态镜头没有任何会磨损的移动部件，并且简化了安装、设置和维护。液态镜头具有极快的响应时间（100 ms 或更短）和良好的光学质量（高达 500 万像素）。由于没有移动部件，液态镜头通过改变液体形状可快速、准确地调整焦距。液体镜头提供了灵活性、快速调焦和精确成像的优势，并且在需要频繁变焦和自动对焦的场景中表现出色。

（5）紫外镜头和红外镜头

1）紫外镜头是专门设计用于紫外光范围的光学镜头。紫外光的波长通常在 10~400 nm 之间，超出了人眼可见光谱的范围。紫外镜头使用特殊的材料和镀膜，以最大限度地传递和聚焦紫外光，同时最小化对可见光和红外光的传递。它们在一些应用中非常有用，如紫外光谱分析、生物医学成像、材料检测和质量控制等领域。

2）红外镜头是专门设计用于红外光范围的光学镜头。红外光的波长通常在 700 nm~1 mm 之间，超出了人眼可见光谱的红色端。红外镜头的设计需要使用特殊的材料和镀膜，以在红外光谱范围内提供优化的成像性能。红外镜头广泛应用于红外成像、热成像、安防监控、军事侦察、夜视技术等领域。

3.2.3　镜头的选型

镜头的选型是根据应用需求、视野、分辨率、焦距、光学特性、接口和预算等因素综合考虑的过程。选择合适的镜头可以确保机器视觉系统能够满足应用需求，并获得高质量的图像和准确的测量结果。

1. 镜头选型步骤

在工业机器视觉中，镜头的选型通常按照以下步骤进行。

1）确定应用需求：明确机器视觉应用的需求和目标。这可能包括要检测的物体类型、目标的尺寸范围、工作环境条件、光照条件等因素。

2）确定视野和工作距离：根据应用需求，确定所需的视野大小和工作距离。

3）确定分辨率要求：根据应用的需要和所需的精度，确定所需的分辨率。分辨率决定了相机能够捕捉到的细节水平。

4）选择合适的焦距：根据视野大小和工作距离，选择适当的焦距范围。

5）考虑光学特性：考虑镜头的光学特性，例如畸变、色散、分辨率、透射率等。

6）选择适当的接口：根据所使用的相机和系统的接口要求，选择相应的镜头接口类型，例如 C 接口、CS 接口等。

7）考虑特殊要求：根据应用需求，考虑是否需要特殊功能的镜头，如近红外镜头、紫外镜头、抗振镜头等。

8）考虑预算和可用性：根据预算和可用性考虑选项，选择合适的镜头品牌和型号。

2. 镜头选型实例

还是以图 3-7 所示的连接器为例。

（1）镜头类型　测量类项目，PIN 针精度要求高，首选低畸变的远心镜头，为定倍镜头。

（2）放大倍率　由于选的是定倍镜头，所以需要确定放大倍率，首先由相机选型中可以看出视野范围为 72 mm×54 mm，即视野长边为 72 mm；在相机型号参数中可以得知，靶面尺寸为 7.6 mm×5.7 mm，即芯片长边尺寸为 7.6 mm；放大倍率 $M=h/H=7.6/72\approx0.106$。

（3）远心镜头　根据放大倍率 $M\approx0.11$、相机芯片尺寸 1/1.7 in，可以选取放大倍率为 0.108、最大传感器尺寸为 1 in、WD 为 129 mm、C 接口、型号为 VP-LTCM0108-129 的远心镜头。

根据镜头参数，选择远心镜头产品 VP-LTCM0108-129，其主要性能参数见表 3-7。

表 3-7　镜头的主要性能参数

型　　号	VP-LTCM0108-129
放大倍率	0. 108
工作距离	129 mm
物方远心度	<0. 02°（0. 05°）
像方远心度	<0. 5°
分辨率	31. 06 μm
景深	34. 29 mm
数值孔径	0. 0108
光圈数	5
中心 MTF@ 70 lp/mm	>70
TV 畸变	0. 02%

（续）

型　　号		VP-LTCM0108-129
对象大小	1/3 in	44.4 mm×33.3 mm
	1/2.5 in	53.2 mm×39.9 mm
	1/2.3 in	57.0 mm×42.8 mm
	1/2 in	59.3 mm×44.4 mm
	1/1.8 in	66.2 mm×49.6 mm
	2/3 in	81.5 mm×61.1 mm
	1 in	118.5 mm×88.9 mm
传感器最大尺寸		最大兼容 1 in
长度		330 mm
直径/宽度		φ186 mm
接口类型		C 接口
工作温度		−10~50℃

3.3　光源

　　光源的选取与打光合理与否直接影响图像的质量，进而影响系统的性能。光源可以照亮目标，提高亮度，形成有利于图像处理的效果；克服环境光干扰，保证图像稳定性。通过适当的机器视觉光源照明设计使图像中的目标信息与背景信息得到合理分离，可以大大降低图像处理的算法难度，同时提高系统的精度和可靠性。所以，光源是机器视觉系统中非常重要的一部分。

3.3.1　光源的分类

目前主要有以下几种分类方式。

1. 根据颜色分类

　　常用光源颜色集中在可见光范围，主要有白光（复合光）、红色光、蓝色光、绿色光。另外，红外光也比较普及，而紫外光由于各种原因，应用较少。

2. 根据发光的原理分类

　　根据发光的原理，机器视觉常用的光源主要有荧光灯、卤素灯、LED 灯（发光二极管）、氙灯等。

　　荧光灯属于低气压弧光放电光源，使用寿命为 1500~3000 h。其扩散性好，适合大面积均匀照射；但响应速度慢，亮度较暗。

　　卤素灯是白炽灯的变种，使用寿命约 1000 h。它适合在高亮度应用场合，使用寿命短，响应速度慢，几乎没有光亮度和色温的变化。

　　LED 灯由发光半导体器件直接把电能转为光能，寿命为 30 000~100 000 h。其寿命长，亮度稳定，响应速度快，可构成不同形状的光谱。

　　氙灯是采用高压电流激活氙气形成一束电弧光，可在两电极之间持续放电发光，使用寿命约1000 h。它亮度高，色温与日光接近；但响应速度慢，发热量大，寿命短，工作电流大，供电安全要求严格，易碎。

综合比较来看，LED光源因其显色性好，光谱范围宽，能覆盖可见光的整个范围，且发光强度高，稳定时间长，近年来随着LED制造工艺和技术的不断发展成熟，价格逐步降低，其在机器视觉领域正得到越来越广泛的应用。

3. 根据外形分类

各厂家会根据不同光源的外形特性进行分类，也是目前的主流分类，比如环形光源、环形低角度光源、条形光源、圆顶光源（碗光源/穹顶光源）、面光源等。

1）环形光源：360°照射无死角，照射角度、颜色组合设计灵活；能够突出物体的三维信息；通过环形光源衍生出弧形光源、高亮环形光源、环形无影光源等。其外观如图3-13所示。

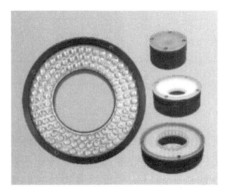

图3-13　环形光源的外观

2）条形光源：发光面尺寸、颜色组合设计灵活；照射角度以及安装角度可以根据现场使用情况随意调整；条形光纤具有一定的指向性，光源漫射板可以根据现场需求拆除或者自行安装，且多个条光能够组合使用，条光组合或者单个条光是较大方形结构被测物打光的首选。其外观如图3-14所示。

图3-14　条形光源的外观

3）圆顶光源（穹顶系列）：半球结构设计，空间360°漫反射，光线打到被拍摄物上很均匀；能够从穹顶系列光源衍生出拱形光源及灯箱光源等。其外观如图3-15所示。

图 3-15 圆顶光源的外观

4）面光源：高密度 LED 阵列排布，表面是光学扩散材料，面光源发出均匀的扩散光，并且颜色组合以及尺寸等均可选，且可以定制。其外观如图 3-16 所示。

图 3-16 面光源的外观

3.3.2 常见的光源照明方式

实际应用中有以下几种常见的光源照明方式。

1. 正向照明

光源位于被测物的上方或前方，光线直接照射在被测物表面，得到清晰的影像。正向照明产生的光线会经过散射或透过被观察对象，并反射回相机中。

常用打光方式主要分为如下几种：高角度打光、低角度打光、无影光、多角度（漫反射）打光等，如图 3-17 所示。

高角度打光：光线方向和待检测表面所成夹角比较大，光线与水平面角度>45°。在一定工作距离下，光束集中、亮度高、均匀性好、照射面积相对较小。

高角度打光时，表面平整部位反光相对容易进入镜头之中，在画面中显示偏亮；不平整部位，如凹坑、划伤等表面结构较为复杂，反光较为杂乱，在画面中表现较暗；可有效得到高对比度物体图像；当它照在光亮或反射材料上时，会引起镜面反光，适合表面不反光物体。常用光源有环形点状光源（45°、60°、75°等角度环光）、条形光源、同轴光源等。

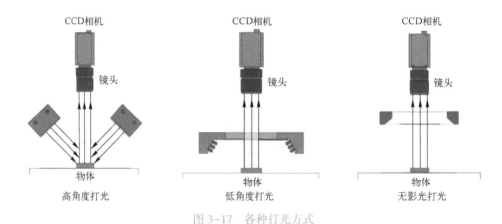

图 3-17　各种打光方式

低角度打光：光线方向和待检测表面所成夹角比较小，光线与水平面角度≤45°。低角度打光时，表面平滑的部分在图像中显示偏暗，表面结构复杂的地方，如划伤、凹痕，在图像中显示偏亮。低角度照射，图像背景为黑，特征为白，可以突出被测物轮廓及表面凹凸变化。常用光源有条形光源、线型光、低角度环形光。

无影光打光：兼备了高角度打光和低角度打光的效果，使被测物体得到了多角度的照射，表面纹理、褶皱被弱化，图像整体均匀。

多角度（漫反射）打光：连续漫反射照明应用于物体表面的反射性或者表面有复杂的角度；连续漫反射照明应用半球形的均匀照明，以减小影子及镜面反射；图像整体效果较柔和，适合曲面物体检测；对电路板照明非常有用。这种光源可以达到 170° 立体角范围的均匀照明。多角度光示意如图 3-18 所示。

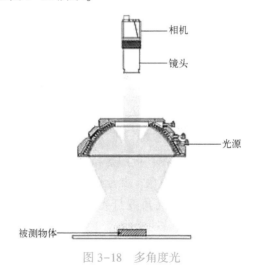

图 3-18　多角度光

2. 背光照明

背光照明是指从物体背面射过来的均匀视场的光，如图 3-19 所示。背光方式下只显示不透明物体的轮廓，常用于被测物体需要的信息可以从其轮廓得到的场合。背光照明可以产生很强的对比度，通过相机可以看到物面的侧面轮廓。对于透明物体，背光可以用于检测被测物的内部部件，可避免使用正面照明造成的反射。

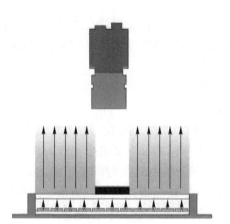

图 3-19　背光照明

3. 同轴照明

同轴照明的原理是将光源的光线沿着与相机光轴完全一致的路径进行照射，光线从同一方向进入并沿着相同轴线返回相机，因此被观察对象的表面反射光线会回到相机镜头中。这种照明方式可以使得表面反射光线与相机成像的光线保持一致，从而减少或消除阴影和反射，提高图像的对比度和清晰度。

如图 3-20 所示，同轴照明常用的照明装置是反射式照明装置，它通常由光源和一个特殊的反射镜或反射器组成。光源发出的光线被反射器反射，并沿着光轴方向进入被观察对象，然后反射回相机镜头中。通过调整反射器的位置和角度，可以控制光线的入射角度和照明范围，以适应不同的检测需求。

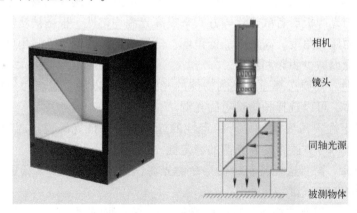

图 3-20　同轴照明

同轴照明适用于对高反射性物体或具有强烈反光的表面进行检测，例如金属零件、玻璃、镜面等。它可以消除或减少阴影、反射和其他表面干扰，使得被观察对象的细节更清晰可见，有助于检测缺陷、形状、边缘和细小特征等。

3.3.3　辅助光学器件

不同的工作环境（工厂、生产线）对光源亮度、工作距离、照射角度等的要求差别很大。有时受限于具体的应用环境，不能直接通过光源类型或照射角度的调整而获取良好的视觉图像，就需要借助于一些特殊的辅助光学器件。常见的辅助光学器件有反射镜、分光镜、棱镜、偏振片、漫射片、光纤等。

（1）反射镜　反射镜可以简单方便地改变和优化光源的光路和角度，从而为光源的安装提供了更大的选择空间。

（2）分光镜　分光镜通过特殊的镀膜技术，不同的镀膜参数可以实现反射光和折射光比例的任意调节。机器视觉光源中的同轴光就是分光镜的具体应用。

（3）棱镜　不同频率的光在介质中的折射率是不同的，根据光学的这一基本原理，棱镜可以把不同颜色的复合光分开，从而得到频率较为单一的光源。

（4）偏振片　光线在非金属表面的反射是偏振光，借助于偏振片可以有效消除物体的表面反光。同时，偏振片在透明或半透明物体的应力检测上也有很好的应用。

（5）漫射片　漫射片是机器视觉光源中比较常见的一种光学器件，它可以使光照变得更均匀，减少不需要的反光。

（6）光纤　光纤可以将光束聚集于光纤管中，使之像水流一样便于光线的传输，为光源的安装提供了很大的灵活性。

3.3.4　光源选型

1. 光源选型的主要原则

（1）光源亮度　需要选择具有足够高亮度的光源，以保证图像的亮度和对比度。对于高反射物体，可以选择高亮度的 LED 光源。

（2）光源均匀性　需要选择具有良好均匀性的光源，以避免出现阴影、反光等问题。可以选择采用均匀光源板或者散热片等方式来提高光源均匀性。根据被测物体的形状和表面特征，选择适当的照明角度。高角度、低角度、侧照或同轴照明等不同角度的照明方式可用于突出不同的特征或减少阴影和反射。

（3）光源颜色　需要选择适合被测物体的光源颜色，以便于检测和分析。对于需要进行颜色识别的物体，可以选择相应颜色的光源。

（4）光源稳定性　需要选择具有稳定性的光源，以保证光源输出的稳定性和可靠性。可以选择采用恒流源等方式来提高光源的稳定性。

（5）光源寿命　需要选择具有较长寿命的光源，以降低维护成本和更换频率。可以选择采用寿命较长的 LED 光源。

（6）光源功率　需要选择适当功率的光源，控制光照强度，以满足对于被测物体的照射需求，并避免过度照射导致的热损伤等问题。

（7）光源成本　需要选择性价比较高的光源，以保证系统成本和性能之间的平衡。

综合考虑以上因素，可以选择合适的光源来满足具体的应用需求。

2. 光源选型案例

按图 3-7 所示的案例，光源选型如下。

（1）光源颜色　待测内容为银色 PIN 针之间的距离，PIN 针在产品内侧，需要更亮的光源来打亮 PIN 针；并且产品背景虽然为蓝色，但对测量 PIN 针间距的影响不大，这里选择白色光源。

（2）光源类型　PIN 针为金属材质，且分布较为均匀，需要均匀漫射光源将每根 PIN 针都照亮，这里可以选择同轴光源。

（3）光源安装方式　PIN 针位于产品内部，且深度较深，需要将 PIN 针照得更亮，选择亮度高且均匀漫射的同轴光源，使其位于高角度垂直照射于产品表面。

最终选择型号为 DCCK-COA-80X 的光源，其性能参数见表 3-8。

表 3-8　光源 DCCK-COA-80X 的性能参数

参　　数	性　　能
电压	DC 24 V
适用电源	频闪控制器（4STU） 模拟控制器（2APC） 数字控制器（3DPC）
发光区	80 mm×80 mm

3.4　光源控制器

光源控制器是用于控制工业视觉系统中光源的设备，它提供了对光源的电源供应、亮度调节和其他参数控制的功能。光源控制器的主要作用是确保光源的稳定性、可调节性和适应性，以满足不同应用场景的需求。

3.4.1　光源控制器的功能

（1）电源供应控制　光源控制器提供光源的电源供应，可以通过电源控制模块对光源的电压和电流进行调节，确保光源的工作稳定。

（2）光照强度调节　光源控制器可以调节光源的亮度或光照强度，通过控制电流或脉冲宽度调制（PWM）等方式实现。这使得用户可以根据具体应用需求，调整光照强度以获得最佳的图像质量和检测效果。

（3）光照模式选择　一些光源控制器具有多种光照模式可供选择，如常亮模式、闪光模式、脉冲模式等。用户可以根据不同的应用场景选择合适的光照模式，以满足快速采集、高速运动物体或特殊需求的应用。

（4）触发和同步控制　光源控制器可以与相机或其他设备进行触发和同步控制，确保光源的开启和关闭与图像采集的同步性。这对于快速触发和精确时间控制的应用非常重要，例如高速拍摄、运动轨迹分析等。

（5）通信接口和远程控制　一些光源控制器具备通信接口（如 RS232、USB、Ethernet 等），可以与计算机或其他控制设备进行连接，并通过软件或指令进行远程控制和参数调整。

（6）其他功能　一些光源控制器还可能具备其他功能，如光源状态指示、温度保护、过载保护等，以提高光源的稳定性、安全性和可靠性。

3.4.2 光源控制器的分类

机器视觉光源控制器的主要用途是给光源供电，控制光源的亮度并控制光源照明状态，还可以通过给控制器触发信号来实现光源的频闪，进而大大延长光源的寿命。光源控制器使用得当，可以避免光源因人为失误造成的损耗，延长光源的使用寿命，降低损失。

市面上常用的光源控制器有模拟控制器和数字控制器，模拟控制器通过手动调节，数字控制器可以通过计算机或其他设备远程控制。

1. 模拟控制器

模拟控制器是一种传统的光源控制器，它使用模拟信号来控制光源的亮度。通常，模拟控制器具有电压或电流输出接口，通过调节输出信号的电压或电流来控制光源的亮度。模拟控制器的外观如图 3-21 所示。

图 3-21 模拟控制器的外观

模拟控制器适用于使用模拟光源（如卤素灯）的应用，其优点是简单易用、成本较低。模拟控制器可以提供连续的亮度调节，通过改变输出信号的电压或电流大小，可以实现光源的亮度变化。然而，模拟控制器的精度相对较低，调节范围有限，并且受到干扰和信号衰减的影响。

模拟控制器主要使用手动控制，一般配备外部触发接口。其主要特性有：①亮度无级控制；②短路保护；③外部触发输入，将外部信号，如相机的触发信号输入控制器，可以使光源进行频闪照明，从而大大延长光源的寿命；④触发条件可调。

2. 数字控制器

数字控制器是一种先进的光源控制器，它使用数字信号来控制光源的亮度和其他参数。数字控制器通常具有数字输入接口（如 RS232、USB、Ethernet 等），通过与计算机或其他控制设备连接，可以进行精确的光源控制和参数调节。数字控制器的外观如图 3-22 所示。

数字控制器可以实现精确的亮度调节，通过调整数字信号的数值来控制光源的亮度级别。它们通常具有更高的控制精度、更大的调节范围和更灵活的功能，可以满足复杂的光照需求。

数字控制器还可以提供更多的功能，如光照模式选择、闪光模式选择、脉冲宽度调制、触发和同步控制等。通过与计算机或其他设备的通信接口，数字控制器可以进行远程控制、参数设置和实时监控。

图 3-22　数字控制器的外观

数字控制器可以通过计算机编程控制，也可以手动进行调节。其主要特性有：①256 级亮度控制；②高集成度；③短路保护；④外部触发输入；⑤用个人计算机可控；⑥通过串口将控制器与计算机连接，可以通过计算机控制光源的亮度；⑦手动控制（可选）；⑧掉电保存。

3.4.3　光源控制器的选型案例分析

光源控制器在工业视觉系统中起到关键的作用，它可以确保光源的稳定性和可控性，为图像采集和分析提供适合的光照条件。根据具体应用需求，选择合适的光源控制器可以提高系统的性能和灵活性。光源控制器是为了让光源能够稳定使用，配合环境散发合适亮度的一种控制工具，兼具开关光源、调整光源亮度、调整光源开关模式等功能。

1. 应用场景

在工业视觉系统中，需要对产品进行表面缺陷检测，其中包括颜色检测和形状检测。光源需要提供均匀的照明、可调节的亮度和颜色温度，以适应不同产品的检测需求。

分析需求：根据应用需求，需要选择一种具有亮度和颜色温度调节功能的光源控制器，以实现均匀照明和适应不同产品的检测。

2. 选型考虑

1）控制精度：考虑到需要进行颜色和形状检测，需要一个控制精度高的光源控制器，能够提供精确的亮度和颜色调节。

2）调光范围：光源控制器应该具备较大的亮度调节范围，以满足不同产品的照明需求。

3）调色功能：光源控制器应具备调节颜色温度的功能，以适应不同产品的颜色检测需求。

4）稳定性：光源控制器应具备良好的稳定性，以确保在长时间运行中保持稳定的光照质量。

5）调控方式：根据系统要求，选择适合的控制方式，例如模拟控制或数字控制。

3. 选型结果

基于上述考虑，选择了一款数字光源控制器作为解决方案。该光源控制器具有以下特点。

1）高精度控制：能够提供精确的亮度和颜色温度调节，满足颜色和形状检测的要求，如输出稳定度为±0.1%，精度为12位。

2）宽调光范围：具备较大的亮度调节范围，适应不同产品的照明需求，支持LED光源，具有PWM和模拟控制功能，可以根据需要调整亮度水平。

3）多通道控制：支持多个独立的控制通道，可根据需要分别调节不同区域的光源亮度和颜色。

4）良好的稳定性：具备稳定的输出性能，保证长时间运行中的照明稳定性，输出电压为5V或24V是使用较多的类型。

5）数字控制方式：通过数字控制方式，可以进行精确的参数设置和远程控制。

这样的光源控制器可以满足工业视觉系统对照明的精确控制和灵活调节的需求，提供稳定且高质量的照明效果。

思考与练习

1. CCD相机和CMOS相机有什么不同？

2. 线阵相机和面阵相机有什么不同？

3. 工业相机有哪些主要参数？

4. 常见的电子快门有哪几种方式？

5. 相机有哪些常见数据接口？这些接口之间各有什么优缺点？

6. 根据外形来分，光源主要有哪几种形式？

7. 对于正向照明，有哪几种打光方式？分别适合什么场合？

8. 什么是同轴照明？什么情况适用同轴照明？

9. 光源控制器有哪几种类型？

10. 已知客户的镜头的尺寸是1/3in，接口是CS接口，视野大小为12mm×10mm，要求精度为0.02mm，则应该选用多大分辨率的相机？

11. 镜头光圈大小和光圈数是什么关系？光圈数F值为1.4和4时，哪个光圈大？两者之间的光照照度比值是多少？

12. 已知客户观察范围为30mm×30mm，工作距离为100mm，CCD尺寸为1/3in，那么需要多大焦距的镜头？

13. 已知客户要求的系统分辨率为0.06mm，像元大小为4.7μm，工作距离大于100mm，光源采用白色LED，那么需要多大焦距的镜头？

14. 已知：视野范围为12mm×9mm，镜头前端与被测物体的距离为60mm，选用320万像素的相机（分辨率为2048×1536，像元尺寸为3.45μm），请计算镜头的光学放大倍率和镜头的焦距。

第4章 机器视觉综合实训系统

机器视觉综合实训系统结合机器视觉最新技术，模拟智能制造中实际应用场景打造。在机器视觉硬件平台和软件平台上，该系统可以进行视觉测量、视觉检测、视觉识别的进阶学习，并能完成视觉引导控制的高阶实训。

4.1 硬件平台

机器视觉实训平台是德创智控科技（苏州）有限公司面向高校定制开发的机器视觉系统综合应用实训系统。该平台涵盖了电气控制系统、工业视觉系统、现场总线系统、计算机编程技术等实训内容，可以在平台上开展多种与机器视觉应用技术相关的学习和实训，平台结构紧凑、拆卸方便，便于应用，支持二次开发，是一款内容丰富、功能强大的机器视觉系统实训平台。

4.1.1 硬件平台组成

如图4-1所示，机器视觉综合实训平台主要由四轴控制移动模组、上料单元、装配单元、搬运单元等组成。硬件配有总共3台500万像素的彩色相机、3个16mm定焦镜头、8个光源。根据拓展实训需要，也可以增加相机或者3D相机。

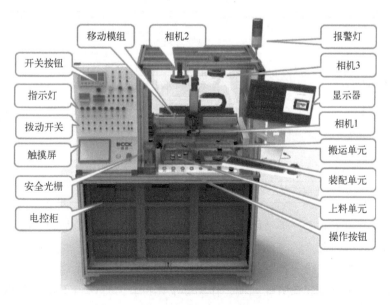

图4-1 机器视觉综合实训平台示意图

1. 相机的主要参数

分辨率为 2592×1944 像素，帧率为 24 f/s，靶面尺寸为 1/2.5 in，像元尺寸为 2.2 μm，数据接口为 GigE 接口，光学接口为 C 接口，快门为卷帘快门，彩色。

2. 镜头的主要参数

焦距为 16 mm，光圈为 F2.8~F16.0，支持靶面尺寸≥1/2.5 in，分辨率≥500 万像素。

3. 四轴运动模组

高精度伺服电动机控制 X、Y、Z 轴，步进电动机控制 θ 轴。X 轴行程≥300 mm，Y 轴行程≥300 mm，Z 轴行程≥100 mm，轴 θ 旋转角度范围为±180°。

4. 数字光源控制器

两个光源控制器分别为德创 1、德创 2，端口号分别为 COM1、COM2，波特率为 19 200 Baud。

5. 光源

安装有 8 个光源，每个光源控制器各控制 4 个通道光源。德创 1 的通道 1~4 分别接左条光、右条光、上料单元（左）面光和装配单元（右）面光。德创 2 的通道 1~4 分别接输送带旁条光、移动相机环光、固定相机环光和输送带相机环光。

4.1.2 可开展的实训项目

在平台上可以开展 PLC（可编程逻辑控制器）基础实训、触摸屏基础实训、现场总线基础实训、视觉技术基础实训。该实训平台在机器视觉技术应用方面，可开展包括机器视觉算法工具基本应用、加工件颜色及条码识别、缺陷检测、尺寸测量和加工件引导定位抓取与装配等综合实训项目。综合实训平台可完成的主要实训项目见表 4-1。

表 4-1 综合实训平台可完成的主要实训项目

序 号	实训类别	实训案例
1	电气控制	视觉与 PLC 交互
2		PLC 控制与编程（交通灯、抢答器等设计）
3	视觉工业应用	移动相机视觉引导加工件抓取
4		固定相机视觉引导加工件抓取
5		多相机视觉引导加工件抓取与组装
6		加工件生产中颜色识别
7		加工件生产中缺陷检测
8	数字图像处理	机器视觉算法工具基本应用

例如，在锂电池工业生产环节中，需要对它进行拍照、定位、抓取、搬运、组装，顺利通过每个环节才能得到合格的产品。如图 4-2 所示，在锂电池自动化生产线上，相机引导抓取，放置在流水线上进行分拣，固定相机引导装配的场景，采用该平台可以进行模拟。

一台工业彩色相机安装在吸嘴上端，作为移动相机。另外两台工业彩色相机分别安装在输送带流水线上端和装配单元上端，作为固定相机。锂电池模块随机放置至取料平台的空格内，定位模块随机放置至装配平台。通过移动相机拍照，通过四轴模组抓取放至流水线上。

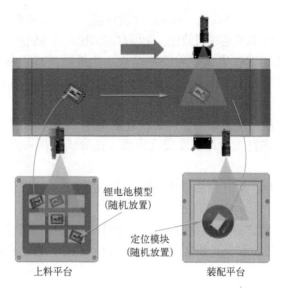

图 4-2　自动化生产线某工艺流程

产品流至下一工站，传感器识别产品已到位，流水线上相机识别其位置和姿态后，引导四轴模组抓取产品。固定相机识别定位模块的位置及姿态，引导移动四轴模组吸取锂电池准确装配到对应的定位模块的孔内，即完成一个流程。

4.2　软件平台

DCCK VisionPlus（VisionPlus 简称 V+）由德创智控科技（苏州）有限公司出品，是一款面向机器视觉行业设计的软件。该软件致力于以图形化、无代码的形式帮助工程师高效、便捷地完成视觉项目解决方案编制。

4.2.1　V+软件特性

1. 软件特性

V+软件的特性如图 4-3 所示。

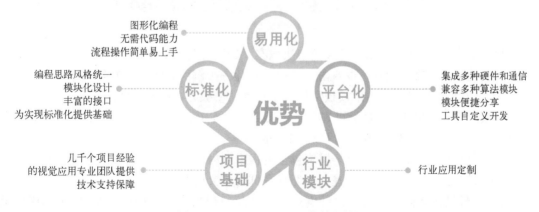

图 4-3　DCCK VisionPlus 软件的特性

（1）可视化开发环境　软件提供可视化的开发环境，以"所见即所得"的设计理念，支持用户以拖拽、连接组件的形式构建项目流程，无须掌握编程能力也能开发完整的视觉应用程序。

（2）硬件模块集成　软件集成多种硬件模块，支持与外部设备（如相机、光源、PLC等）通信及交互，目前覆盖了国内外主流品牌设备与通信协议。系统层面提供统一的操作界面，用户无须了解底层协议即可便捷调用。

（3）HMI（人机交互）界面编辑器　软件开放 HMI 界面的可视化编辑功能，支持用户以"所见即所得"的方式自主设计软件交互界面，充分满足用户对效率、自主性、美观等方面的需求。

（4）康耐视算法集成　软件深度集成康耐视高精度算法，为 2D、3D 视觉项目提供强大的识别能力。

（5）行业化模块　软件针对典型行业设计定制模块与模板方案，目前已适配连接器、引导、检测等领域。通过将高级工程师的经验集成在模块中，为行业用户赋能，大幅度降低开发门槛并提升效率。

2. 软件界面

DCCK VisionPlus 软件启动后，首先进入启动引导界面，如图 4-4 所示。

4-1　V+功能介绍-界面介绍

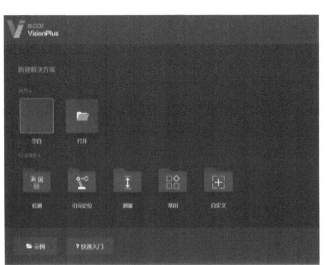

图 4-4　V+软件启动引导界面

（1）启动引导界面　主要包括新建解决方案、最近打开、示例和快速入门。

1）新建解决方案：用户可以双击"空白"新建一个解决方案，或单击"打开"打开一个已有解决方案，也可在"行业模板"区域中选择从模板方案创建解决方案。

2）最近打开：用户在此区域可查看"今天""本周（不含今天）""更早（不含本周）"时间内打开过的解决方案记录，并可以双击直接打开。

3）示例和快速入门："示例"模块包含流程示例内容，用户可以在模块中查看、学习部分功能的使用、业务逻辑；"快速入门"模块即为本文所介绍的内容。

（2）软件操作界面　分为"设计模式"与"运行模式"。在"设计模式"下，用户可以设计项目流程、完成工具配置；"运行模式"主要展示项目运行结果。用户可通过单击软件界面右上角的"运行模式/设计模式"按钮完成模式切换。

1）设计模式：主要为项目工程师编写解决方案。在此模式下，用户可以自由设计方案流程、设置功能配置，或修改解决方案。V+软件的设计模式下的主界面如图 4-5 所示。

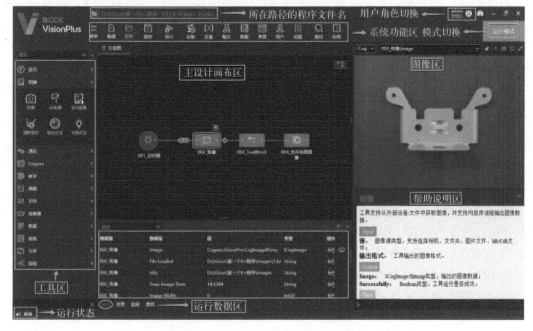

图 4-5　V+软件的设计模式下的主界面

① 所在路径的程序文件名：显示当前程序文件名及存储路径。

② 系统功能区：包括系统功能设置入口与方案的基本操作；其中，"设备"管理、"变量"管理、"配方"管理、"数据"管理四项属于高级功能。

a. "设备"管理：主要用于外部设备（相机、光源、PLC、IO 卡等）与虚拟设备（日志）的设置，通常操作顺序为"添加设备"→"连接设备"→"调整参数"，设备连接成功后状态灯为绿色，连接失败为红色，未连接为黄色叹号标志。

b. "变量"管理：当前运行机制下，软件不支持工具跨流程连接，需要全局使用的数据可以通过变量进行传递。用户在"变量"管理中可以添加、修改、删除变量，配合方案流程的"写变量"工具可以将前序工具的运行数据赋值给对应变量，从而使变量的值能在整个方案中被引用。

c. "配方"管理：针对检测内容一致（使用同一方案流程）而检测参数存在差异的料件，可以通过不同配方进行管理。如测量特征接近、不同料号（仅高度不同）的螺钉 A、B，可以建立 1 个配方模板（螺钉高度），再添加 2 个配方示例（螺钉 A 标准高度、螺钉 B 标准高度），导入对应标准值，在测量不同料件时分别取用对应配方的数据进行比对。

d. "数据"管理：此功能须搭配方案流程的"数据采集"工具使用。在方案流程设计中，添加"数据采集"工具，配置所需数据项，后续运行时对应数据将按所设规则自动存储。"数据"管理界面分两部分。在"数据表"板块，用户可以查看已采集的数据情况；在"查询"板块，用户可以通过右击创建新的查询，并在弹窗中完成 SQL 语句编写，按需查询

（支持联表）数据。

③ 用户角色切换：支持用户切换不同角色，及登录、退出操作。

④ 模式切换：用于设计模式与运行模式的切换。

⑤ 工具区：用户可以在此区域选择需要的工具，拖拽至主设计画布区使用。另外，系统还提供了工具搜索与智能推荐功能。目前，工具共分为 11 组，功能上分为三大类。

a. 信号工具（1）：用于获取外界信号，为后续流程工具提供触发信号，通常为各流程的首个工具。

b. 业务工具（2~9、11）：为流程方案中最主要的工具，各个工具通过连线进行连接，在配置完成后即可正常运行，实现对应功能。

c. 逻辑工具（10）：包括分支（按前序工具的输出结果匹配后序不同分支）、分支选择（须与分支工具配合使用，合并分支选项）、循环开始、循环结束、流程选择（合并多条流程，当前序任一流程执行，即激活后序流程）、流程合并（连接多条流程，前序所有流程执行才激活后序流程）。

⑥ 主设计画布区：工具须拖至主设计画布区并完成配置后才生效，同一流程内工具间彼此通过连线进行关联，运行状态下不同流程为并行关系。

⑦ 图像区：此区域展示工具运行后的结果图像，支持查看不同工具的结果图像。

⑧ 运行状态：展示当前解决方案的运行状态，状态包括"就绪""运行中"。

⑨ 运行数据区：此区域包括"输出""信息""监视""查找"四项功能。"输出"展示所选工具的运行结果数据；"信息"展示当前软件的报错、提示信息（若有）；"监视"展示用户添加监视的数据项；"查找"与菜单功能区域的"查找"功能搭配使用，用于工具或数据的定位搜索。

⑩ 帮助说明区：展示软件各模块的帮助说明。

2）运行界面设计器。设计模式下，用户还可以打开"运行界面设计器"，对运行模式下的界面显示内容进行设计，如图 4-6 所示。

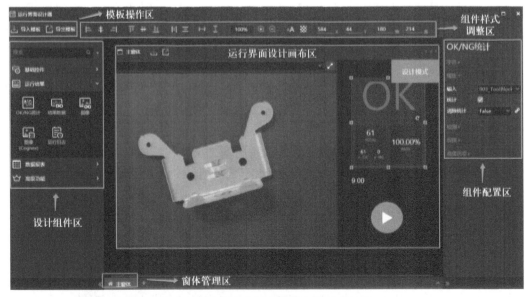

图 4-6　V+软件的运行模式下的界面显示

"运行界面设计器"界面主要分为 6 个区域。

① 模板操作区：支持导入模板界面，如将当前界面设计导出为模板。

② 组件样式调整区：此区域提供组件排列、对齐、字体样式修改、边框修改、填充修改、尺寸修改、位置修改等一系列操作，并支持对多个组件进行批量调整。

③ 设计组件区：此区域为设计组件库，分类展示不同功能的组件，用户拖拽所需组件至运行界面设计画布区即可开展界面设计。

④ 运行界面设计画布区：画布为设计组件的载体，若组件重叠，则仅显示最上一层组件，画布尺寸可通过拖动右下角或在顶端"样式调整区"的尺寸栏进行修改，建议与实际项目显示器的分辨率匹配。

⑤ 组件配置区：选中组件后，可在此区域修改组件的配置内容，不支持批量修改。

⑥ 窗体管理区：用户在此区域可以添加、删除子窗体，通常建议在主窗体设置"动作按钮"组件关联控制子窗体的弹出。

4.2.2　V+软件项目一

如图 4-7 所示，通过 V+软件可以快速完成项目开发。主要包括四大步骤：硬件通信配置、程序流程配置、视觉任务配置和用户界面设计等。

Step1：硬件通信配置

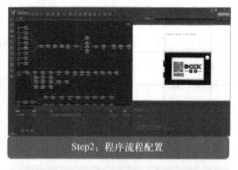
Step2：程序流程配置

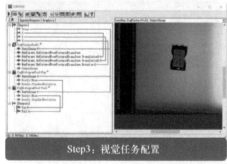
Step3：视觉任务配置

Step4：用户界面设计

图 4-7　V+软件程序设计流程示意图

1. 项目任务

需要对生产线上的零件表面缺陷进行检测和判别，相机拍照采集的需要判别的零部件图像如图 4-8 所示。要求建立一个 V+程序，对输入图像进行灰度直方图分析，对零件是否合格（是否有表面缺陷）进行判别，同时把分析结果，包括图像、灰度数据等显示在软件的 HMI 界面中。

图 4-8　需要判别的零部件图像

2. 任务实施

（1）项目任务流程设计　打开 V+软件，双击"新建解决方案"下的"空白"图标来新建一个空白的机器视觉应用程序。

1）信号触发。单击左侧工具区的"信号"，"信号"工具组下面有"程序启动""程序停止""监听""内部触发""IO 扫描""PLC 扫描""计划时间""定时器""CPU 负荷报警""磁盘空间报警""内存使用率报警"等信号源触发工具。双击选择"定时器"，或者用鼠标拖拽定时器放置到设计画布区（方案图区）的合适位置。

2）取像。单击左侧工具区的"图像"，"图像"工具组下面有"取像""3D 取像""保存图像""清除缓存""镜头设定""光源设定"等工具。双击选择"取像"，或者用鼠标把下级菜单中的"取像"工具拖拽到方案图中。

4-2　V+功能介绍-取像工具

用线连接"定时器"和"取像"工具。双击打开"定时器"工具，把"定时周期"设置为 1s；选择"定时器"，右击并选择"触发"，使得程序被触发运行。双击打开"取像"工具，选择图像源为文件夹，选择范例图片所在的文件夹，输出格式设置为"ICogImage"；单击上方的"▶"（运行）按钮，可以看见范例图片被装载，并显示在界面上，如图 4-9 所示。

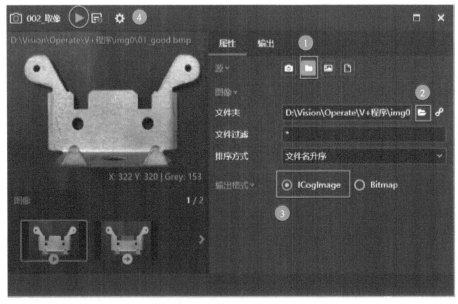

图 4-9　"取像"工具运行界面

3）添加 ToolBlock。单击左侧"Cognex"，在此工具组下面双击选择"ToolBlock"工具，或者拖拽到方案图中，连接"Tool-Block"。双击打开"ToolBlock"设置界面，如图4-10所示。右击右侧输入栏的"+"按钮添加输入，在"工具"下拉列表框中选择"002_取像"下的"Image"属性，图像格式选择"ICogImage"；单击左侧的"工具箱"

按钮，双击"CogHistogramTool"将其添加到左侧工具树中；将"Input1"拖拽到"CogHistogramTool1"下的"InputImage"工具上，使前面的取像作为"CogHistogramTool1"的输入；双击左侧工具树中的"CogHistogramTool1"工具，此处可以进行如下配置。如图4-11所示，将区域形状设置成"CogRectangle"（矩形），用矩形来捕获目标区域，求出此区域的灰度直方图，如图4-11右侧所示。单击"▶"（运行）按钮，在结果栏中可以看到图像灰度直方图中的最小值、最大值、中值、平均值、标准差、方差等信息。

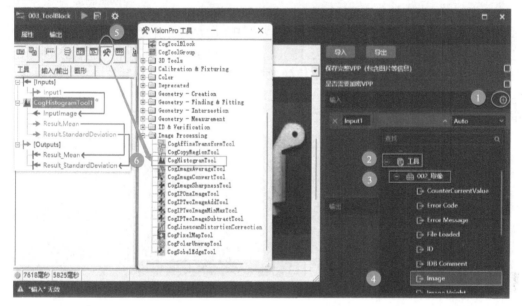

图4-10 "ToolBlock"设置界面

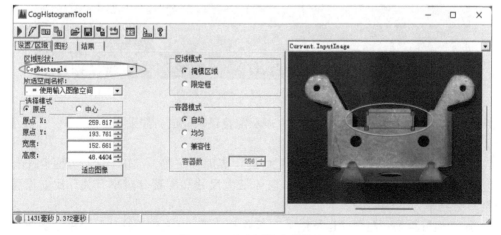

图4-11 直方图的参数设置

将"CogHistogramTool1"工具下的"Result. Mean""Result. StandardDeviation"拖拽到"Outputs"下方，作为左侧"ToolBlock"的输出，如图 4-10 所示。

在方案图中，右击"ToolBlock"，选择运行，右侧出现绿色对勾，表示运行成功。双击"004_Cog 结果图像"工具打开配置界面，右击右侧"+"按钮，在"工具"下拉列表框中选择"003_ToolBlock"，在图像下拉列表框选择"CogHistogramTool1. InputImage"，单击"▶"（运行）按钮，运行成功则可以显示加载的图像。

4）结果图像。单击左侧"Cognex"，在此工具组下面把"Cog 结果图像"拖拽到方案图中。连接"Cog 结果图像"。

5）数据处理。因为要对目标区域的直方图计算结果进行判断，因而单击左侧的"数据"，在此工具组下面双击选择"逻辑运算"，或者拖拽到方案图中。

4-4　V+功能介绍-逻辑运算

在方案图中，双击打开"逻辑运算"工具。通过前面 ToolBlock 的直方图计算，发现无缺陷的零件在目标区域的灰度直方图均值要大于 120。因而，在此工具上添加"数值比较"功能，将前面 ToolBlock 输出的 Result_Mean 和数值 120 进行比较，比较结果作为"@Block"输出，输出值的数据类型为 Boolean。如果灰度直方图均值大于120，则输出"True"，表示零部件没有表面缺陷；如果灰度直方图不大于 120，则输出"False"，表示零部件有表面缺陷。逻辑运算工具界面如图 4-12 所示。

图 4-12　逻辑运算工具界面

顺次用线将各个工具进行连接，如图 4-13 所示，完成视觉任务流程设计。

图 4-13　设计的流程图

如果图 4-13 中工具旁边有"?"号，表示配置还未完成；如果为绿色"√"，表示已经成功运行。

（2）进行 HMI 界面设计　单击菜单栏中的"界面"按钮，打开"运行界面设计器"。

1）首先设置运行界面的窗体大小。窗体最大尺寸和屏幕分辨率有关。比如设置窗体（长×宽）分辨率为 1200×900。

2）添加运行结果。左侧"运行结果"控件组中有"OK/NG 统计""结果数据""图像""图像（Cognex）""运行日志"等组件。分别选择"运行结果"下的"OK/NG 统计"

"结果数据""图像（Cognex）""运行日志"等组件，将它们都拖拽到主窗体上合适位置。

3）添加基础控件。在左侧选择"基础控件"按钮，选择"基础控件"下的"运行/停止""单行文本""动作按钮"组件，将其拖拽到主窗体上相应位置。通过拖拽调整主窗体布局。

4）对这些组件进行链接配置。"OK/NG 统计"组件配置链接为"005_逻辑运算"的"@ Block"属性。"结果数据"组件配置链接为"003_ToolBlock"的"Result_Mean"和"Result_StandardDeviation"属性。"图像（Cognex）"组件配置链接为"004_Cog 结果图像"的"Record"属性。"动作按钮"动作设置为触发信号，触发信号源为"001_定时器"。

5）对"单行文本"组件上的文字、字体、背景颜色等都进行设置。同样，对其他组件上的字体及对齐方式分别进行设置。HMI 界面设计概貌如图 4-14 所示。

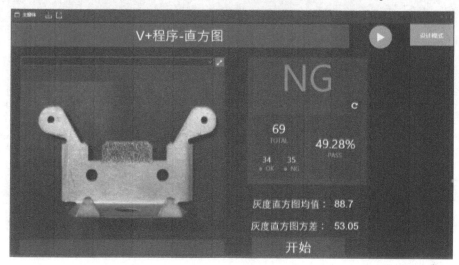

图 4-14　HMI 界面设计概貌

6）运行调试。关闭运行界面设计器。单击"运行模式"，切换至运行模式。如果 HMI 运行界面不符合预期要求，可以在运行模式下，单击"设计模式"，切换到设计模式。单击"界面"按钮，进入"运行界面设计器"界面，重新进行运行界面设计优

4-5　V+项目
演示

化。如此反复，直至运行界面达到预期要求。停止运行，单击菜单栏中的"保存"按钮，将解决方案重命名并保存到相应路径下。

4.2.3　V+软件项目二

完成第一个示例解决方案"你好 V+"的搭建，示例解决方案"你好 V+"主要包含以下内容。

在设计模式下，编制流程，使用算法工具对输入图片中的工件部分进行定位，并计算取得匹配是否成功、匹配分数、位置坐标等信息。

在运行模式下，展示公司 Logo、项目名称等内容，并展示对输入图片的算法匹配结果。

1. 硬件配置

在开始项目流程的设计前，通常需要先完成硬件设备和系统日志的配置。

（1）添加"用户日志" 在"设备管理"的"组件"中添加"用户日志"，对"用户日志"进行相关配置。

（2）添加通信服务器和客户端 在"设备管理"中的"以太网"中添加"以太网1"（服务器）和"客户端"两个网络端口，端口网络地址可以都设为"127.0.0.1"。通过这两个网络端口，模拟服务器和客户端的发送、接收数据。硬件设备配置如图4-15所示。

4-6 V+功能介绍-以太网通信

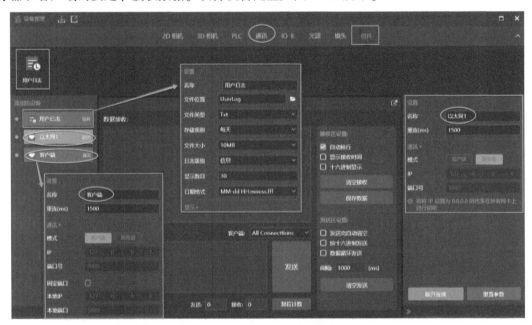

图4-15 硬件设备配置

（3）创建系统变量 将当前时间（Time），图片定位的特征点坐标X、Y、R和特征得分（Score）作为系统变量输出。单击菜单栏中的"变量"，创建5个系统变量，变量名和变量类型如图4-16所示。

图4-16 变量管理

2. 程序流程设计

由于输入图像从本地文件夹导入，无须配置相机；因项目运行是通过外部以太网触发，因此需要配置设备管理的"通讯"部分；另外，因需要记录运行日志，还需要配置设备管理的"日志"部分。

方案设计主要流程如下。

(1) 启动程序流程 启动程序后,进行初始化操作,使用"文件"工具组下的"删除文件"工具删除路径下原先存储的图片、日志等,使用"通讯"工具组中的"写数据"工具给服务器发送"System Ready"信息,开始将相关信息写入日志,如图4-17所示。

图4-17 启动程序流程

(2) 程序运行流程 程序启动后,监听以太网1(服务器)端口收到的信息,如果服务器收到"T1"信息,则顺次进行写日志、取像、进行 ToolBlock 特征定位、发送信息等功能。如图4-18所示,模拟网络客户端,发送信息给服务器。客户端发送一次"T1"信息,则服务器就进行一次如图4-19所示的流程操作。

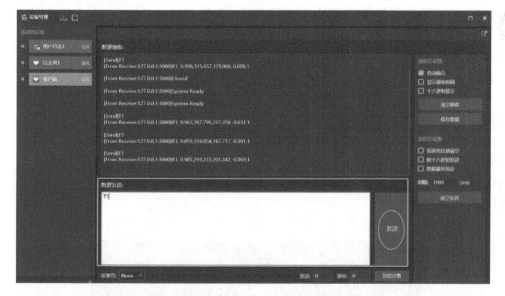

图4-18 网络客户端发送信息给服务器

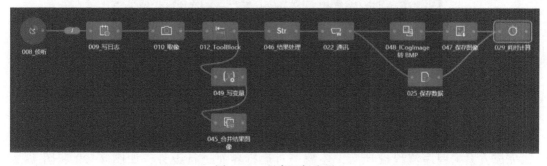

图4-19 程序运行流程

1）取像。取像为本地文件夹存储的已拍摄的图像，可放在本程序运行的文件目录下的 Images 文件夹下。图片格式采用 ICogImage 格式。

2）ToolBlock 特征定位。ToolBlock 工具树流程如图 4-20 所示，主要包括 CogPMAlignTool 等工具，将特征定位点的 X、Y、R 和特征得分输出到 ToolBlock 的 "Outputs" 端，作为 ToolBlock 的输出。

3）输出值到系统变量。将 ToolBlock 的终端输出，即特征定位点的 X、Y、R 和特征得分，分别写入系统变量 X、Y、R、Score 中。

4）字符串拼接。通过 "数据" 工具组下的 "字符串操作" 工具，将这些数据信息拼接成一个字符串 [R1+Score+X+Y+R+1（或者 0，即 ToolBlock 运行是否成功）+换行符]。

5）网络通信。将此字符串通过 "写数据" 工具，发送到网络服务器上。同时，通过 "写文本" 功能，将此字符串信息保存为适当路径下的 "检测结果.csv" 文件。

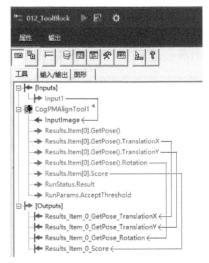

图 4-20 ToolBlock 工具树流程

6）保存图片。用 "ICogImage 转 BMP" 工具将取像图像文件（ICogImage）转换成 BMP 图片，根据 ToolBlock 运行成功和失败的情况，分别将图片保存到当前目录路径下的 History 文件夹下的各自对应的 "OK/NG" 目录下。最后，进行耗时计算。

4-7 V+功能介绍-字符串操作

（3）程序停止等流程 定时将时间数据进行格式转换，写进系统变量 Time 中。

4-8 V+功能介绍-格式转换

程序停止后，使用 "文件" 工具组中的 "删除文件" 工具删除历史数据，即当前程序运行的目录路径下 History 文件夹下的相关文件。发送 "Closed" 信息给服务器，将相关信息写入日志。程序停止等流程如图 4-21 所示。

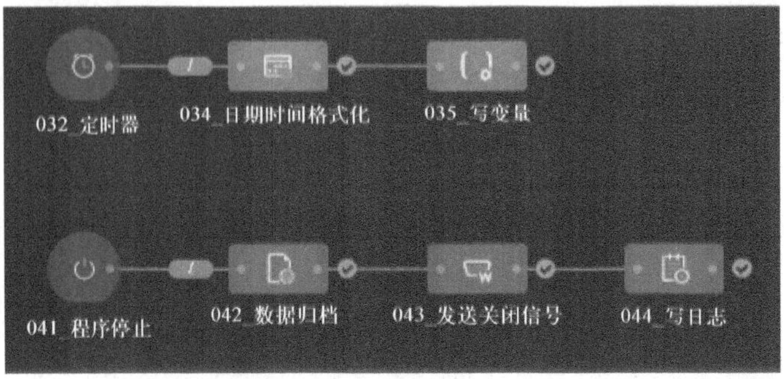

图 4-21 程序停止等流程

3. HMI 界面设计

完成方案主程序流程设计后，还需要对运行界面进行设计，如图 4-22 和图 4-23 所示。

图 4-22 HMI 界面设计（OK 界面）

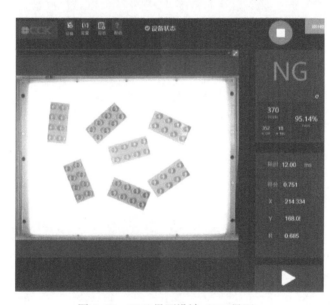

图 4-23 HMI 界面设计（NG 界面）

设计 3 个窗体，分别为"主窗体"窗体、"日志"窗体和"帮助"窗体。

（1）"主窗体"窗体界面设计

1）在"主窗体"窗体界面中，在"基础控件"组中添加"运行/停止"组件。

2）添加若干"动作按钮"，分别链接"查看变量"，"查看设备"，"显示窗体（日志）"、"显示窗体（帮助)"、链接触发信号"监听"工具。

3）添加"图片""形状""单行文本"等组件，分别对其文本、颜色、字体大小及背景颜色等相关属性进行设置；添加"设备状态"组件。

4）在"运行结果"组中，添加"OK/NG 统计"组件，链接 ToolBlock 是否成功运行；添加"结果数据"组件，分别链接系统变量 X、Y、R、Score、Time、耗时等。

5）添加"图像（Cognex）"组件，链接为方案图中的取像。

（2）"日志"窗体界面设计　在"日志"窗体界面中，添加"运行结果"组中的"用户日志"组件。

4-10　第一个
V 程序

（3）"帮助"窗体界面设计　在"帮助"窗体界面中，添加"基础控件"组中的"多行文本"组件，添加注释等帮助信息。

思考与练习

1. 简述 V+程序设计的基本流程。

2. 对于项目一，如果相机拍摄采集的图片不是正放的，而是随意摆放的，在图像处理时，如何解决？

3. 按照要求完成项目二，分析和讲述产品 NG（为废品）的原因。

第5章 机器视觉识别

机器视觉识别就是利用机器视觉定位对图像进行处理、分析和理解，以识别各种不同模式的目标和对象，达到数据追溯和采集，以及进行零件追踪和生产过程控制的目的，在汽车零部件、食品、药品等领域应用广泛。比如工业生产过程中的物料配送、分拣、条码扫描和物流行业中的快件分拣等。工业生产中的识别功能，包含条码识别、字符识别、颜色识别等几个大类，在工业生产中至关重要。

5.1 条码知识

条码是一种线性编码方式，它由一系列宽度不同的条和空白组成，用于表示数字、字母、符号等信息。条码通常是由一种特定的编码规则生成的，以便于快速识别和解码。条码可以标出物品的生产地、制造厂家、商品名称、生产日期、图书分类号、邮件起止地点、类别、日期等许多信息，因而在商品流通、图书管理、邮政管理、银行系统、医疗保健等许多领域都得到了广泛的应用。

在实际应用中，条码一般可以分成一维条码和二维条码两种。

5.1.1 一维条码

常见的一维条码是由反射率相差很大的黑条（简称条）和白条（简称空）排成的平行线图案。这种条码是由一个接一个的"条"和"空"排列组成的，条码信息靠条和空的不同宽度和位置来传递，信息量的大小是由条码的宽度和印刷的精度来决定的。条码越宽，条码印刷的精度越高，包容的条和空越多，信息量越大。这种条码技术只能在一个方向上通过条与空的排列组合来存储信息，所以称其为一维条码。

1. 一维条码的结构

任何一个完整的一维条码通常都是由两侧的空白区（也叫静区）、起始符、数据符、检验符（可选）、终止符和供人识别字符（位于条码的下方，与相应的条码相对应）组成的，如图 5-1 所示。

空白区：指条码左右两端外侧与空的反射率相同的限定区域，它能使阅读器进入准备阅读的状态。当两个条码相距距离较近时，空白区有助于对它们加以区分。空白区的宽度通常应不小于 6 mm（或 10 倍模块宽度）。

起始/终止符：指位于条码开始和结束的若干条与空，标志条码的开始和结束，同时提供了码制识别信息和阅读方向的信息。

数据符：位于条码中间的条、空结构，它包含条码所表达的特定信息。

图 5-1　一维条码的结构

中间分隔符：用于数据分隔，可以把数据符分为左数据符和右数据符，部分一维条码才会有，比如 EAN（欧洲商品编码）、UPC（通用产品代码）。

检验符：用于条码校验，一般根据特定公式计算。

一维条码中的数据符和校验符是代表编码信息的字符，扫描识读后需要传输处理，左右两侧的空白区、起始符、终止符等都是不代表编码信息的辅助符号，仅供条码扫描识读时使用，不需要参与信息代码传输。

2. 一维条码的编码方法

条码的编码方法是指条码中条空的编码规则以及二进制的逻辑表示的设置。条码的编码方法就是要通过设计条码中条与空的排列组合来表示不同的二进制数据。一般来说，条码的编码方法有两种：模块组合法和宽度调节法。

模块组合法是指条码符号中，条与空由标准宽度的模块组合而成。一个标准宽度的黑色条表示二进制的"1"，而一个标准宽度的白色条表示二进制的"0"。商品条码模块的标准宽度是 0.33mm。它的一个字符由两个条和两个空构成，每一个条或空由 1~4 个标准宽度模块组成。

宽度调节法是指条码中条与空的宽窄设置不同，用宽单元表示二进制的"1"，而用窄单元表示二进制的"0"，宽窄单元之比一般控制在 2~3 之间。

3. 条码的分类

条码按照不同的分类方法和不同的编码规则可以分成许多种，现在已知的世界上正在使用的条码就有 250 种之多。下面列举几种使用比较广泛的条码。

（1）EAN　EAN（European Article Number，欧洲商品编码），也称国际商品编码（International Article Number），是一种常见的一维条码系统，用于在全球范围内识别和跟踪商品。EAN 系统由国际物品编码协会（International Article Numbering Association）开发，并于 1977 年开始使用。它是一种标准化的条码，广泛应用于零售业、物流和库存管理等领域。EAN 是定长的纯数字型条码，它表示的字符集为数字 0~9。在实际应用中，EAN 有标准版和缩短版两种版本。标准版由 13 位数字组成，称为 EAN-13 或长码；缩短版 EAN 由 8 位数字组成，称为 EAN-8 或者短码。

1）EAN-13。EAN-13 是按照"模块组合法"进行编码的。其符号结构由 8 个部分组成：符号结构、左空白区、起始符、左数据符、中间分隔符、右数据符、校验符、终止符、右空白区、模块数。

EAN-13 由 13 位数字组成，主要包括"国家代码"（3 位数），由国际商品条码总会授权，我国的"国家代码"为 690~699；"厂商代码"（4 位数），由国家商品条码策进会核发给申请厂商；"产品代码"（5 位数），代表单项产品的号码，由厂商自由编定；以及"校正码"（1 位数）。

2）EAN-8。EAN-8 是 EAN-13 的压缩版，由 8 位数字组成，用于包装面积较小的商品，包括 2 个国家代码数位、5 个数据位和 1 个校验位。与 EAN-13 相比，EAN-8 没有厂商代码，仅有国家代码、产品代码和校验码。

（2）UPC　UPC（Universal Product Code，通用产品代码）是世界上最早出现并投入应用的商品条码，是一种常用于美国和加拿大商品的一维条码，通常用于零售商品，能够快速识别和跟踪商品信息。UPC 在技术上与 EAN 完全一致，它的编码方法也是模块组合法，也是定长、纯数字型条码。UPC 常用的商品条码版本为 UPC-A 和 UPC-E。UPC-A 是标准的通用商品条码版本，UPC-E 为 UPC-A 的压缩版。

1）UPC-A。UPC-A 供人识读的数字代码只有 12 位，它的代码结构由厂商代码（6 位）（包括系统字符 1 位）、产品代码（5 位）和校验码（1 位）共三部分组成。UPC-A 的代码结构中没有前缀码，它的系统字符为一位数字，用以标识商品类别。

2）UPC-E。UPC-E 是 UPC-A 的压缩版，是 UPC-A 系统字符为 0 时，通过一定规则销 "0" 压缩而得到的，压缩了数字系统位、厂商代码中的后缀位和产品代码中的前导零。

（3）Code 39　Code 39 是 Intermec 公司于 1975 年发明的条码码制，一般 Code 39 由 5 条线（条）和分开它们的 4 条缝隙（空）共 9 个元素构成。Code 39 的每一个条码字符由 9 个单元组成，其中有 3 个宽单元，其余是窄单元，Code 39 因此得名。

Code 39 是用途广泛的一种条形码，可表示数字 0~9、26 个英文大写字母以及 7 个特殊字符和 "＊" 共 44 个符号，其中 "＊" 仅作为起始符和终止符。它编码的信息可以是数字，也可以包含字母，主要应用于工业生产线领域、图书管理等。

Code 39 由于字符集有限，无法编码小写字母、中文字符等。此外，由于每个字符占用相对较多的空间，相比于其他条形码，Code 39 的密度较低，因此在需要编码大量数据的场景中可能不太适用。

（4）Code 93

Code 93 是在 Code 39 的基础上诞生的，采用双校验符，安全性比 Code 39 更高，降低了条码扫描器读取条码时出现的错误率。Code 93 字符集和 Code 39 一样，Code 93 列印长度（占 9 位）比 Code 39 码（占 12 位）短，所以在印刷面积不足的情况下可以考虑选择用 Code 93 码。

由于字符集的扩展，Code 93 相对于 Code 39 来说更复杂，编码密度更高，因此要求扫描设备具备更高的精度和解码能力。此外，与其他线性条码相比，Code 93 的应用范围相对较窄，主要用于特定行业和特定需求的标识和追踪。

（5）Code 128

Code 128 是由美国计算机识别公司（Computer Identics Corporation）在 1981 年研制的，是一种高密度条码。Code 128 可以根据数据的需求自动调整条码的密度，使得相同长度的条码可以编码更多的数据。Code 128 可表示从 ASCII 0 到 ASCII 127 共 128 个字符，故称 Code 128。其中包含了数字、字母和符号字符。它采用了三种不同的字符集。使用哪个字符集由开始字符决定。Code 128 提供多种校验位选项，包括校验字符、校验和循环冗余校验（CRC），以增加数据的可靠性。

Code 128 的编码规则相对复杂一些，每个字符由 11 个模块组成，其中包括 3 个条和 3 个空，长度可变。起始字符、数据字符和校验字符的编码方式不同，但都可以通过条和空的组合来表示。

Code 39、Code 93、Code 128 三种编码的特性比较见表 5-1。

表 5-1　Code 39、Code 93、Code 128 三种编码的特性比较

特　　性	Code 39	Code 93	Code 128
易用性	容易	居中	复杂
识别程度	较难	居中	容易
可靠性	较低	居中	可靠

（6）二五条码　二五条码是根据宽度调节法进行编码的。每一个条码字符由规则的五个条组成，其中有 2 个宽单元（表示二进制的"1"），3 个窄单元（表示二进制的"0"），故称为"二五条码"。它的字符集为数字字符 0~9，主要应用于包装、运输以及国际航空系统的机票顺序编号等。

（7）交叉二五条码　交叉二五条码是 1972 年美国 Intermec 公司发明的一种条、空均表示信息的连续型、非定长、具有自校验功能的双向条码，从两个方向去识读条码符号都可以成功。交叉二五条码是一种高密度条码，在交叉二五条码中一个印刷缺陷的存在并不至于产生替代错误，它是具有自校验功能的条码。

5.1.2　二维条码

二维条码又称二维码，是用某种特定的几何图形按一定规律在平面（二维方向上）分布的、黑白相间的、记录数据符号信息的图形。二维码比一维条码更能储存数据，也能表达更多的信息类型。常见的二维码有以下几种。

1. QR Code 二维码（简称 QR 码）

QR Code（Quick Response Code）二维码于 1994 年由日本 DW 公司发明，是目前主流的二维码，具有超高速识读、全方位识读和高容错能力的特点，能够有效表示中国汉字，日本文字，各种符号、字母、数字等大量的数据。QR Code 二维码由定位图形、格式信息、版本信息、数据信息和纠错信息 5 部分构成，如图 5-2 所示。

定位图形：用于对二维码定位，一共有 3 个定位图形，它们可标识一个矩形，同时可以用于确认二维码的大小和方向。

格式信息：存在于所有的尺寸中，用于存放一些格式化数据，标识该二维码的纠错级别，分别为 L、M、Q、HL（分别表示可恢复 7%、15%、25%、30% 的数据）。

版本信息：即二维码的规格，在 Version 7 以上，需要预留两块 3×6 的区域存档一些版本信息。

数据信息和纠错信息：实际保存的二维码信息（Data Code，数据码）和纠错信息（Error Correction Code，纠错码，用于纠正二维码损坏带来的错误）。

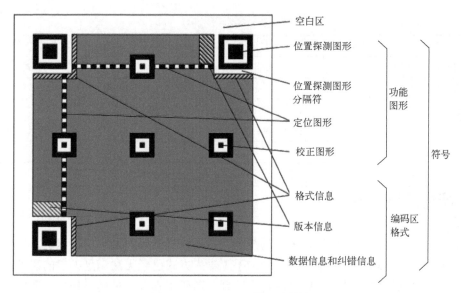

图 5-2 QR Code 二维码的结构

QR Code 二维码广泛应用于生活中的收付款、防伪溯源、工业自动化生产线管理、电子凭证等各种场景。

2. Data Matrix 二维码（简称 DM 码）

DM 码于 1989 年由美国国际资料公司发明，是一种矩阵式二维码。DM 码通过在方形矩阵中使用黑白模块的排列来表示数据，其最大特点就是密度高，尺寸可随意调整，所以 DM 码的最小尺寸是所有条码中最小的，尤其适用于小零件的标识，以及直接印刷在实体上。DM 码采用了复杂的纠错码技术，使得该编码具有超强的抗污染能力，可以在一部分受损或模糊的情况下仍能正确读取。

3. PDF417 二维码

PDF417 二维码是美国讯宝科技公司于 1990 年研发的，意为"便携数据文件"（PDF）。组成条码的每一符号字符都由 4 个条和 4 个空共 17 个模块构成，所以称为 PDF417 二维码。PDF417 二维码是一种堆叠式二维条码。PDF417 二维码可表示数字、字母或二进制数据，也可表示汉字。一个 PDF417 二维码最多可容纳 1850 个字符或 1108 个字节的二进制数据。如果只表示数字，则可容纳 2710 个数字。PDF417 二维码最大的优势在于其庞大的数据容量和极强的纠错能力，被广泛应用于工业生产、卫生、商业、交通运输等领域。

PDF417 二维码、QR Code 二维码、Data Matrix 二维码的图示如图 5-3 所示，它们之间的比较见表 5-2。

PDF417   QR Code   Data Matrix

图 5-3 各种二维码的图示

表 5-2　各种二维码之间的比较

码　　制	QR Code 二维码	Data Matrix 二维码	PDF417 二维码
研制分类	矩阵式		行排式
识读速度	最快	慢	
识读方向	全方位（360°）		±10°
识读方法	深色、浅色模块识别		条空宽度尺寸判别
汉字表示	13 bit	16 bit	

5.2　视觉识别工具

视觉识别是一种广泛应用于各领域的技术，主要包括条码识别和字符识别。当人们需要快速准确地录入和处理大量数据时，传统的手工输入方式已经无法满足人们的需求。而条码识别与字符识别的视觉工具则可以解决这个问题。条码识别是一种通过扫描条形码来获取其中信息的技术。在物流管理、库存管理、销售管理等领域中，条码识别技术被广泛应用。通过使用条码识别的视觉工具，人们可以快速准确地获取物品的信息，实现物品的追踪和管理。

字符识别是一种将图像中的文本转换为可编辑文本的技术。在文档管理、数据采集等领域中，字符识别技术可以大大提高工作效率。通过使用字符识别的视觉工具，人们可以将纸质文档或图像中的文字快速转换为电子文本，并进行进一步的处理和分析。

5.2.1　条码识别工具

CogIDTool 是 VisionPro 视觉软件中的一种用于识别条码的工具。它可以自动识别和解码一维码、二维码、Data Matrix 码、QR 码等不同类型的条码，并提供条码验证、定位、解码、校验等功能。CogIDTool 支持多种条码识别模式，用户可以根据实际需求进行选择和调整。

CogIDTool 能够在同一张图像中读取种类不同的一维条码、多个同种类的二维条码，以及一些高度旋转和有透视变形的码。此工具可识别 15 种不同的代码系统，包括 Code 39、Code 128、UPC/EAN 以及 Data Matrix 码。

CogIDTool 能够读取同一图像中的多个种类的一维条码，在读取一维条码的时候不需要训练。CogIDTool 同样能够读取图像中的多个二维条码，但和读取一维条码不同的是，同时读取的二维条码必须是同一种类。在使用 CogIDTool 的时候，可以训练一些参数，如二维条码的尺寸、二维条码的编码种类、二维条码的错误纠正方法等，以便能够重复成功读取二维条码。如果在应用中，所有的二维条码都具有相同的特征，可事先对二维条码进行训练；如果在应用中，二维条码的参数是好的，此时不需要训练参数，以确保 CogIDTool 在读码的时候能够包含所有的参数值。

CogIDTool 的操作流程通常包括以下几个步骤。

① 输入图像：将需要进行条码识别的图像输入 CogIDTool 中。

② 定位：对预处理后的图像进行条码定位，找到条码在图像中的位置和方向。

③ 解码：对定位后的条码区域进行解码，提取条码的信息，并进行校验。CogIDTool 提

供以下两种解码算法，默认采用 IDMax 算法。

IDQuick：适用于快速读取一些质量较好的具有较高对比度的码。

IDMax：适用于读取一些图像质量不好的码。在使用 CogIDTool 时，可选定包括条码信息的区域及其空间。

④ 输出结果：将识别和解码后的条码信息输出。只有被找到并正确解码的一维条码或二维条码才会有结果输出。对于图像中成功读取到的码，CogIDTool 都会在输入图像的选定空间中生成以下结果：找到的符号的角度方向，以弧度为单位；符号中心的位置；解码后的字符串等信息。

5.2.2　字符识别工具

CogOCRMaxTool 是 VisionPro 视觉软件中的一种用于识别字符的工具。使用 CogOCRMax-Tool，基于从一系列示例图像中训练的字体，识别并返回 8 位灰度图像、16 位灰度图像或范围图像中的字符串。

在使用 CogOCRMaxTool 进行字符读取时，用户需要设置一些参数，比如字符区域以及每个字符的最大和最小宽度等。在具体操作过程中，通常首先将图像中的单个字符分割出来，然后做成字库。这个字库中的字符是以字符特征+字符的形式存在的。识别工具在识别时，会搜索与输入图像最匹配的字符特征，然后将对应的字符返回作为识别结果。

CogOCRMaxTool 首先需要进行字符分割，设置一组分割参数，将字符像素与背景像素分开，并将字符像素划分为正确的分割字符图像。例如，"字符片段最小像素数"参数设置片段必须具有的最小字符像素数，才能被视为字符的一部分。该工具支持大约 30 种不同的细分参数，在视觉工具的"区段"选项卡中，设置字符细分参数，如图 5-4 所示。

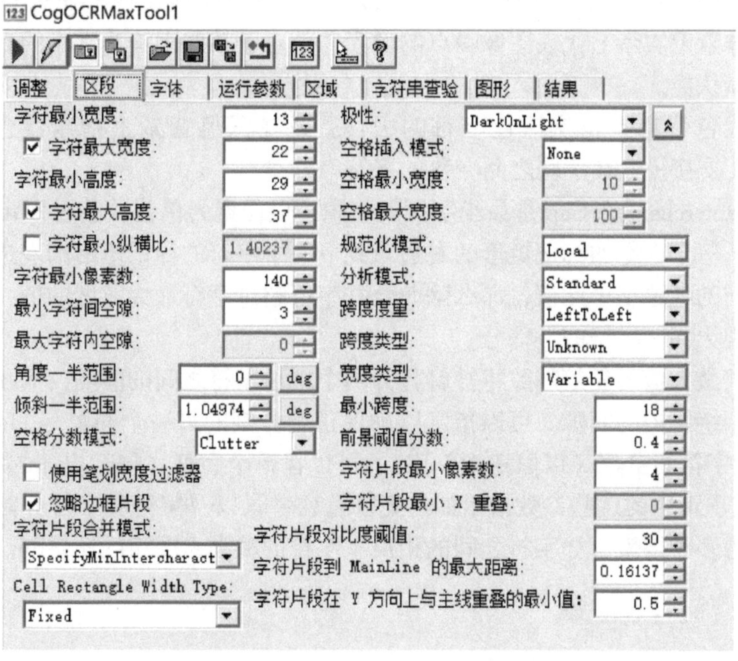

图 5-4　区段参数设置

每个要识别的字符都具有单元格矩形和标记矩形。标记矩形指定字符的物理范围，而单元格矩形提供有关标记矩形相对于沿着字符串底部的直线位置的信息。图 5-5 显示了两个矩形的示例。

每个字符还有一些特征参数要设置，如图 5-6 所示。

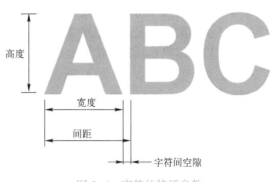

图 5-5　字符的单元格矩形和标记矩形　　　　图 5-6　字符的特征参数

最小/最大高度：为任何字符的标记矩形指定最小允许的 MinHeight 和最大允许的 MaxHeight，以像素为单位。

最小/最大宽度：为任何字符的标记矩形指定 MinWidth 和最大允许的 MaxWidth，以像素为单位。

最小像素数：指定字符最小像素数或潜在像素必须具有的最小像素数才能进行报告。如果字符串包含很小但有效的字符，则此值可能会从默认值 30 降低。

与字符必须具有的最小像素数相关联的是字符片段最小像素数属性，或者任何前景要素必须具有的最小像素数才能被视为字符的一部分。提高默认值可使 CogOCRMaxTool 忽略灰度值接近字符像素但实际上代表图像噪点的像素，而对于某些字符非常小的高质量图像，则可能需要降低默认值。

极性：在浅色背景上指定深色字符的极性，或在深色背景上指定浅色字符的极性。CogOCRMaxTool 支持极性在字符之间变化的字符串。

缝隙：MinIntercharacterGap 是最小字符间空隙，以像素为单位，它可以出现在两个字符之间。缝隙是从一个字符的标记矩形的右边缘到下一个字符的标记矩形的左边缘的距离。如果潜在字符之间的缝隙小于此值，那么除非合并字符超过字符最大宽度的值，否则必须将这两个潜在字符视为同一字符的一部分。

大于指定的最大值的任何间隙将被解释为两个单独字符之间的间隔，而小于此值的间隙可被解释为单个字符内的间隙。可以指定以确保正确分割的另一个间隙是 MaxIntercharacterGap，它是最大字符间空隙（以像素为单位），可以在单个字符（包括损坏的字符）中出现。

"区段"选项卡中的这些参数指示如何把字符和背景以及字符和字符分割开，这些参数的设置需要考虑多种因素，如字符之间的距离、字符的种类、图像的质量等。

5.2.3　模板匹配工具

CogPMAlignTool 是 VisionPro 的一种模板匹配工具，其主要功能是在图像中查找与目标模板最相近的部分，为之后的图像处理任务如特征提取、旋转和缩放等做预处理。

在进行字符识别之前使用 CogPMAlignTool 进行模板匹配的主要目的是提取图像的特征。它基于边缘特征模板进行定位，而不是基于像素特征模块进行定位，因此支持图像中特征的旋转和缩放。这样，即使在复杂背景、不同字体、大小和方向变化的情况下，也能够准确地定位到目标字符区域。

此外，CogPMAlignTool 还具有高效率的特点。根据设定的算法类型和参数，该工具可以对模板进行训练并在连续的输入图像中搜索模板。在实际应用中，这一功能可以大大提高 OCR 系统的处理速度和准确率。

CogPMAlignTool 为 VisionPro 的模板定位，具有特征匹配功能，用于图像特征的初步定位，为之后的 CogFixtureTool（重定位模板匹配的图像特征，将图像转正）等做预处理。

CogPMAlignTool 的操作方法为：抓取图像→设置训练区域及参数→训练模板→设置运行参数与区域→运行→查看结果。首先训练一个模型，然后运行时在图像上查询一个或多个已训练的模型。

CogPMAlignTool 的基本原理包括：图案位置搜索工具（识别+定位），基于边缘特征的模板而不是基于像素的模板匹配，支持图像中特征的旋转与缩放，边缘特征表示图像中不同区域间界限的轮廓线（有大小和方向）。

图案训练的过程为：获得训练图像，设置训练区域和原点，设置训练参数，训练图案，评价受训特征。图案训练的总指导原则为：训练模板一般选择图像角度比较正的、特征明显、成像质量高的原图。选择一个有一致特征的代表性图案，减少不必要的特征和图像噪音。只训练重要的特征，考虑遮罩，来创建代表性图案。CogPMAlignTool 的训练参数有算法、极性、粒度、阈值等。

① 算法：CogPMAlignTool 有三种算法可选，即 PatQuick、PatMax、PatFlex，其特点分别如下。

- PatQuick 算法。此算法速度最快，对于三维或者低质量元件效果更佳，能承受更多的图像差异，如捡放。
- PatMax 算法。算法精确度最高，在二维元件上表现佳，最适合于细微的细节，如薄片对齐。
- PatFlex 算法。此算法为高度灵活的图案设计，在弯曲不平的表面上表现较佳，极其灵活，但不够精确，如标签定位。

② 训练区域：训练区域就是用来作为模型特征的区域。

③ 训练原点：训练原点就是用来在模型中得到的点，一般选择中心原点。

④ 极性：极性表示特征边界点是从黑到白还是从白到黑，忽略极性可以增加模型的多样性。

⑤ 粒度：粒度代表探测模型精细特征的程度。增加粒度会减少算法将使用的精细特征的数量。

模板匹配工具可以被看作是一个从目标空间到输入图像空间的映射。这个映射是通过比较输入图像和模板来确定的，输出是输入图像中的一个区域，该区域与模板最相似。这个区域可以被视为输入图像在定义空间中的一个点或者子集。因此，可以说模板匹配工具在定义空间和输入图像空间之间建立了一个对应关系。VisionPro 具有不同的定义空间：

① 根空间：根空间是整个图片空间的左上角为中心点（0，0）的坐标系，即使图像上

的像素总数改变了，VisionPro 会自动调整根空间，保证图片上的坐标仍然是原来的坐标。"@"表示根空间，此处的坐标系支持浮点数（即小数），而且默认的名字空间都是基于根空间的。

② 像素空间：像素空间和根空间一样，但是输入图片的大小会影响其坐标值；"#"表示像素空间，即图像中左上角为点（0，0）的像素坐标系空间。注意坐标系仅仅为整数。

像素空间在以下方面与根空间相似：其原点始终在左上角；其空间与图像像素相对应；但是，像素空间并不会因图像处理的效果而进行调整；很少在应用中使用。

③ 输入图像空间：是用户自定义的空间，经常用于校准、定位等功能，一般显示在坐标空间树中显示与根空间的联系；"."表示当前选中的、使用输入图像的当前名字空间。

④ @\Fixture：即为经过特征提取后的定位坐标空间。通常使用此空间。

5.3 项目任务：锂电池条码识别与字符识别

识别是利用视觉算法对图像进行分析，提取图像的主要特征，如颜色、纹理、形状、局部特征，去除图像中多余信息的过程。识别主要包括标准一维码、二维码的解码，光学字符识别（OCR）和光学字符验证（OCV）等。

任务要求：

1) 识别锂电池块标牌上的二维码信息。

2) 识别锂电池块标牌上的文字，包括数字和字母。

3) 判断识别的二维码信息与标牌上的字符信息是否一致。

4) 将识别出的信息和判断结果显示到界面上。

5.3.1 任务分析

根据任务要求，分析需要涉及到的主要功能模块。

1. 二维码识别

识别锂电池块标牌上的二维码信息，需要使用 ToolBlock 中的 CogIDTool 工具。

2. 字符识别

识别锂电池块标牌上的数字和字母，需要使用 ToolBlock 中的 CogOCRMaxTool 工具。

3. 数据分析

将 CogIDTool 识别的字符信息和 CogOCRMaxTool 识别的字符信息进行比较，输出比较结果，需要使用 CogResultsAnalysisTool 工具。

4. 数据输出

进行人机交互界面设计，输出识别信息和判断结果。

5.3.2 任务实施

打开 V+软件，进行程序设计，具体步骤如下所示。

1. 程序设计流程

程序设计流程示意图如图 5-7 所示。

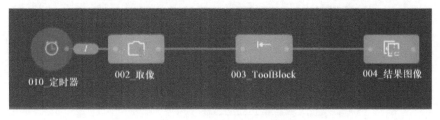

图 5-7　程序设计流程示意图

（1）程序触发　在"信号"工作组中，选取"定时器"为触发信号。"定时器"可设置定时时间为 1 s。

（2）取像　在"图像"工作组中，添加"取像"工具。在菜单"设备"中，添加"2D"相机，调整相机的工作距离、光圈，对焦，调整光源亮度，保证能够采集到清晰的图像。也可把采集到的一系列图片存储到一个文件夹中。如图 5-5 所示，取像图片类型设置为"ICogImage"，根据需要设置取像方式，可以为"相机取像""文件夹取像""单个图像文件"或者"IDB/ICB"文件，本项目采用文件夹取像方式，如图 5-8 所示。

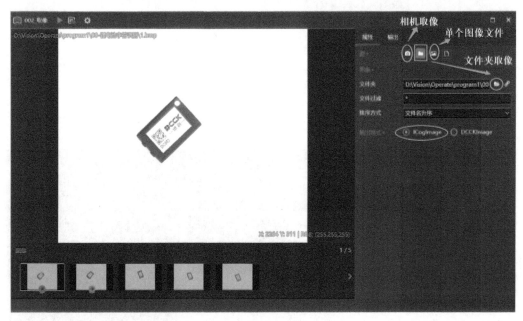

图 5-8　取像工作流程

（3）视觉任务配置　设计 ToolBlock 工具块视觉任务流程。添加一个 ToolBlock 工具块，其中需要添加 CogImageConvertTool、CogPMAlignTool、CogFixtureTool、CogIDTool、CogOCRMaxTool、CogResultsAnalysisTool 等工具，如图 5-9 所示。

1）配置输入图像。配置 ToolBlock 输入源为取像的图像，如图 5-10 所示，双击"003_ToolBlock"，进入 ToolBlock 的编辑窗口，把"002_取像"中的 Image 链接到输入源的图像。

2）转换成灰度图像。使用 CogImageConvertTool 将图像转换成灰度图像。

3）获取图像特征。使用 CogPMAlignTool 调整相关参数，进行模板匹配。

图 5-9   ToolBlock 工具块视觉任务设计流程

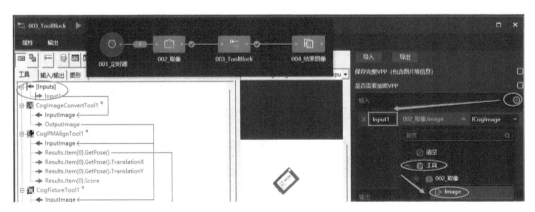

图 5-10   配置 ToolBlock 输入图像

如图 5-11 所示，在"训练参数"选项卡中选择 Current. TrainImage 图像，设置合适区域，涵盖特征区域，同时利用掩膜编辑器，过滤掉区域内与特征不相关或者影响特征的局部区域，抓取区域图像，同时选择需要的算法和训练模式。通过分析，仅抓取锂电池外框作为特征区域，其他区域都掩膜过滤掉。如果运行时不能抓取预期的特征图像，则对特征区域可以进行适当调整和掩膜。

在"训练区域与原点"选项卡中，设置区域模式和区域形状等参数，单击"中心原点"配置训练区域上的中心原点。

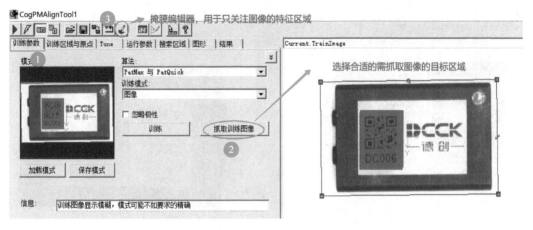

图 5-11　CogPMAlignTool 配置训练区域

在"运行参数"选项卡中，对抓取的图像的角度和大小进行适应性调整，如图 5-12 所示。

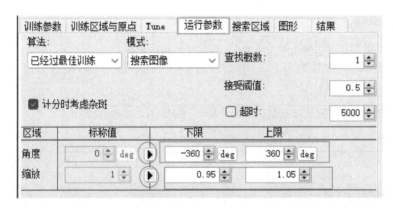

图 5-12　CogPMAlignTool 运行参数调整

- 角度：指定 CogPMAlign 执行样板搜索时允许的旋转角度。
- 缩放：指定 CogPMAlign 执行样板搜索时使用的缩放值。
- 接受阈值：是训练算法用来确定匹配是否代表搜索图像之中模型的一个有效实例的分值（介于 0~1.0 之间）。"接受阈值"指定结果分数的接受阈值，仅接受分数大于或等于此值的结果。提高接近值会减少搜索所需要的时间。
- 计分时考虑杂斑：如果选中该复选按钮，PatMax 算法将在计算样板实例的分数时考虑无关特征或杂乱特征。考虑杂乱特征通常会导致分数较低。仅适用于 PatMax 算法。
- 查找概数：指定要查找的结果数。如果没有抓取到图像结果，需要对参数再进行相应调整。

调整基本参数后，单击"训练"按钮，抓取图像的特征。如图 5-10 所示，单击"运行"按钮，运行获取结果。在右边图像上的下拉列表框中选中"LastRun. InputImage"选项，查看模板的运行情况，成功就会显示绿色的方框与十字形的中心。

查看右侧 LastRun. InputImage 显示的结果图形，如图 5-13 所示。

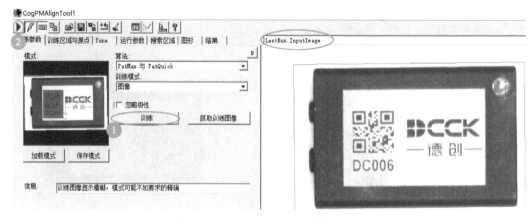

图 5-13 CogPMAlignTool 训练及运行

可以在"结果"选项卡中，查看结果的详细信息，如显示相似度（分数为 0~1），所找到的图案相对于指定原点的 X、Y 位置，所找到的图案相对于原来训练的图案的角度，所找到的图案的大小与原始训练图案沿 X 轴和 Y 轴方向的对比等信息，如图 5-14 所示。

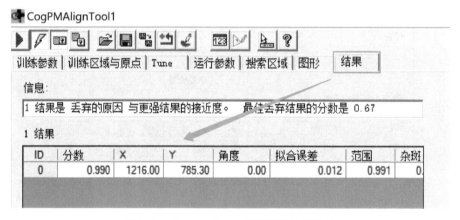

图 5-14 CogPMAlignTool 运行的数据结果

4）建立图像特征坐标系。使用 CogFixtureTool，建立图像特征坐标系。CogFixtureTool 通常和 CogPMAlignTool 配合使用，将特征提取后的坐标系建立基于图像自身特征的定位坐标空间。如图 5-12 所示，CogPMAlignTool 定位工具匹配特征找到中心原点，将结果"GetPose()"传给 CogFixtureTool（即 UnfixturedFromFixturedTransform），CogFixtureTool 以中心原点建立坐标，如图 5-15 所示。

5）识别条码。使用 CogIDTool，识别条码信息。

6）识别字符。使用 CogOCRMaxTool 识别字符信息。

首先进行字符分割，分割是将字符像素与背景像素区分开，然后将字符像素分离为离散符号的过程。在进行分割时，必须选好感兴趣的目标区域。CogOCRMaxTool 工具使用感兴趣的目标区域来定义要分类的字符串的一般位置。这个目标区域只能包围一行字符，应该只包围所需字符串中的字符。

在"区域"选项卡中，设置包含需要识别字符的区域、识别方向及所选空间，如图 5-16 所示。

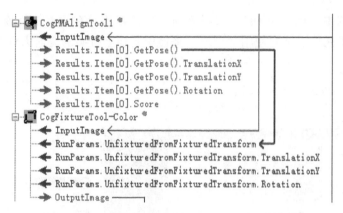

图 5-15　CogPMAlignTool 和 CogFixtureTool 的连接

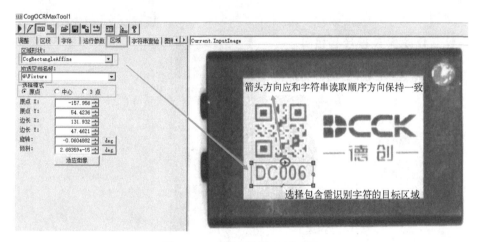

图 5-16　字符识别的区域选择

CogOCRMaxTool 的一组功能选项卡使得可以构建 OCRMax 字体，设置参数，并可以指定要验证的全部或部分字符串。

如图 5-17 所示，在"字体"选项卡中，单击"提取字符"按钮，检查是否每个字符都能分割。通常情况下，默认的分割参数不能将字符充分分割。需要不断地尝试修改"区段"选项卡中的分割参数，直到字符能够充分分割。

在每个字符都能充分地被分割开的情况下，在字符单元格矩形下方输入对应字符，把训练字符用"添加所选项"添加到字符集中。或者把字符串中所有训练的字符都选中，单击"添加所有"按钮，把训练字符串一次添加到字符集中。

CogOCRMaxTool 字体文件是字符数据的集合，该字符数据在分类期间用于标识分段字符串的每个元素。对于应用程序中的每个 CogOCRMaxTool，必须从内存中加载字体文件或从头开始创建一个字体文件。新添加的 CogOCRMaxTool 是没有训练字符的，可以从文件中调用已经存在的字符文件或临时添加字符集。添加字符集是一个不断重复的过程，需要添加所有需要读取的字符，只有在训练字符集中存在的字符才能够被成功读取，未训练的字符不能被读取。

在"字体"选项卡中，单击"加载"和"保存"按钮分别加载现有的 OCR 字体文件或保存当前文件。选中"运行时训练"复选按钮，可使该工具在每次执行该工具时训练 OCR 字体文件，或者禁用此选项并使用"训练"来使用当前字符实例集训练 OCR 字体。

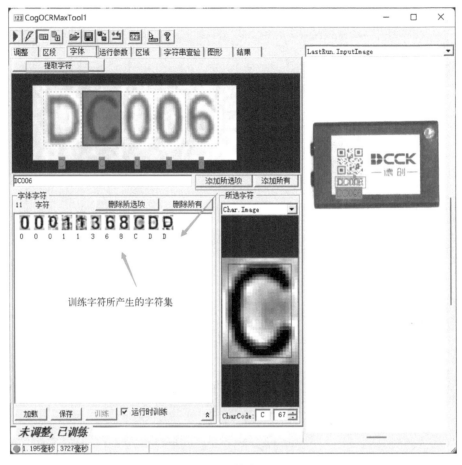

图 5-17　字体参数设置

如果在"区段"选项卡中调整参数后，字体分割仍然不清楚，可以在"调整"选项卡中进行调整，如图 5-18 所示。

操作步骤如下。

① 单击"提取线"按钮。

② 在预期的文本中添加预期的字符串文本。

③ 自动分段：重新对字段进行手动调整，包括一个框包含多个文字缺失文字框，使得每个字符都能被充分分割。

④ 添加和调整：将当前在感兴趣区域中标识的字符添加到 CogOCRMaxTool 的字体中，然后根据当前图像的特征设置分割参数。这会将图像中的字符添加到当前字体中，训练要使用的字体，并使用自动调整来确定分段参数的最佳设置，以便可靠地在图像中定位字符。

⑤ 选中训练的字符串，单击"运行所选项"按钮，检查运行结果，如果识别良好，单击"调整"按钮进行保存。

"调整"选项卡以绿色指示属于字体的字符，并显示用于生成分段参数设置的调整记录。

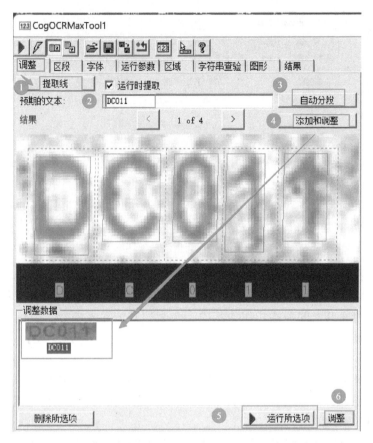

图 5-18　调整参数设置

对于尝试分类的每个字符，CogOCRMaxTool 都会为经过训练的字体中的所有字符生成匹配分数。匹配分数在 0.0~1.0 之间，1.0 是完美匹配。该工具将最高匹配分数与可接受阈值进行比较，并在匹配分数超过可接受阈值时提供初步的读取结果。默认情况下，CogOCRMaxTool 工具的接受阈值为 0.8，如图 5-19 所示，但是可以根据需要为视觉应用增加或降低该值。

接受阈值可以改变 CogOCRMaxTool 对字符和图像变化的敏感度。增加接受阈值，CogOCRMaxTool 将要求字符串中的字符与字体文件中的经过训练的字符之间更好地匹配。这些字符具有始终如一的良好打印质量，并且旋转和偏斜变化很小。但是，如果将阈值设置得太高，该工具将无法对字符串中的一个或多个字符进行分类。当生产环境无法确保每个字符的外观一致时，可以降低接受阈值。

7）数据分析。使用 CogResultsAnalysisTool，进行数据分析。利用 CogResultsAnalysisTool 可定义一个判断标准，以使 ToolBlock 给出一个 "Accept"（接受）、"Warn"（警告）或者 "Reject"（拒绝）的最终运行结果。为了有一个判断标准，首先在对话框中的设置面板中添加一个表达式，再添加变量来接收数据。

有了表达式和变量，就可以产生一个布尔结果或者数值结果。每个表达式可以有一个或两个参数，参数的类型有如下几种。

● 常量：可以指定一个数值、字符串、布尔常量作为表达式的参数。

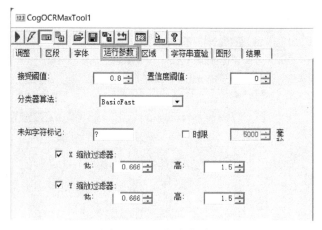

图 5-19　运行参数设置

- 变量：可将两个数值变量、字符串变量、布尔变量进行比较。
- 向量：向量是将多个数据以数组的形式传递给表达式，从而得到多个结果。
- 表达式：可将其他的表达式作为其中一个表达式的输入参数。表达式有多种操作方式，可根据实际需要进行选择，如"加""减"等数字计算，"与""或"等逻辑运算，"大于""小于"等关系运算。

如图 5-20 所示，在 CogResultsAnalysisTool 中，首先添加两个输入（InputA、InputB），然后添加一个表达式，对表达式的结果（StrOutput）进行输出。输出是这两个输入的字符串（InputA、InputB）比较的结果。

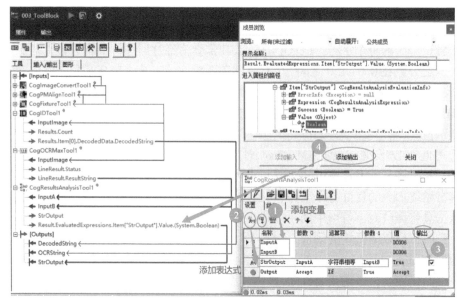

图 5-20　CogResultsAnalysisTool 运行界面

在左侧的树状结构中，把 CogIDTool 识别的条码信息（字符串）和 CogOCRMaxTool 识别的字符串链接到 CogResultsAnalysisTool 的两个输入端，同时链接到 ToolBlock 的输出终端"Outputs"。将 CogResultsAnalysisTool 的输出 Result.EvaluatedExpressions.Item["StrOutput"].

Value.（System. Boolean）链接到 ToolBlock 的终端输出"Outputs"，并命名为 StrOutput。这样，ToolBlock 就有了 3 个输出变量：StrOutput、DecodedString 和 OCRString。单击"运行"按钮后，若两个字符串相同，则输出 StrOutput 为 True，否则输出 StrOutput 为 False。

（4）添加结果图像　在 Cognex 工作组中添加"Cog 结果图像"，将前面 ToolBlock 工具箱中特征坐标系输出的图像链接到结果图像中。

2. 人机交互（HMI）界面设计

打开"运行界面设计器"，进行 HMI 界面设计。

（1）添加"基础控件"中的控件　在"运行界面设计器"中，双击"基础控件"组中的"单行文本"，或者把"单行文本"拖拽到设计界面中的合适位置；可对界面中的"单行文本"进行文字字体、文字大小、填充及边框进行设置。

把"基础控件"组中的"图形""直线"拖拽到设计界面中的适当位置。对"图形""直线"进行填充及边框、线框粗细等属性进行设置。

把"基础控件"中的"运行/停止""动作"拖拽到设计界面中，对"动作"控件进行"动作"属性设置，设置为"触发信号"，链接到方案图中的"定时器"。对其文本、填充及边框等进行设置。

（2）添加"运行结果"控件　在"运行结果"组中，将"OK/NG 统计""结果数据""图像（Cognex）"等控件拖拽到设计界面中的合适位置，把这些控件链接到前面工具组中输出的图像、数据等结果，在这些控件中进行显示。

切换到运行模式界面，进行运行测试。可根据运行测试中界面的显示情况，返回到设计模式界面中进行优化调整，直至运行模式界面达到任务要求，如图 5-21 所示。

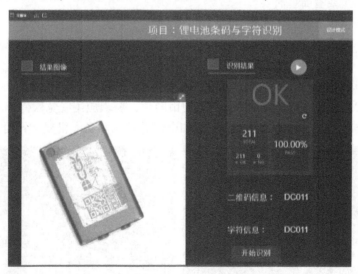

图 5-21　人机交互界面设计

5.4　拓展任务：一维条码及二维条码识别任务

任务描述：在前述项目任务的基础上，增加条码识别任务。相机拍照采集到的图像如图 5-22 所示，图中有一维条码、QR 码和 Data Matrix 码。

图 5-22　待识别的条码信息

任务要求：

1）识别图片中的两种二维条码信息。

2）识别图片中的一维条码信息。

3）识别图片中的字符信息。

4）将识别出的文字信息和一维条码识别信息进行比较，并判断是否相同。

5）完成人机交互界面设计。在界面上，显示一维条码、二维条码识别结果和文字识别信息，并将一维条码识别信息和文字识别信息比较的结果进行显示。

思考与练习

1. 一维条码主要有哪些种类？

2. 二维条码主要有哪些种类？

3. VisionPro 视觉软件中的 CogPMAlignTool 的主要功能是什么？它和 CogFixtureTool 是如何联系的？

4. 请对 VisionPro 视觉软件中的 CogIDTool 做简要介绍。

5. 如图 5-23 所示，用相机采集到两张硬币图片，要求应用视觉软件，不需要区分硬币正反面，进行统计图中三种面值硬币的个数和金额总数，并在人机交互界面上显示。

图 5-23　用相机采集到的硬币图片

第6章 机器视觉测量

机器视觉测量是指利用机器视觉技术对图像或视频中的目标进行尺寸、距离、角度等物理量的测量。通过对图像中目标物体的几何特征进行提取和分析，可以实现精确的测量和定位。

在产品生产制造领域，外观尺寸测量是非常重要的一个环节。尺寸测量无论是在产品的生产过程中，还是在产品生产完成后的质量检验中都是必不可少的步骤。一个产品到达消费者手中之前，从最初的材料、零部件，到最后的成品，可能经过了数百道不同的外观尺寸检测过程。

机器视觉在尺寸测量方面有其独特的技术优势，其非接触性、实时性、灵活性和准确性能有效解决传统检测方法存在的问题。同时，尺寸测量是机器视觉技术最常见的应用行业，特别是在自动化制造行业，机器视觉用于测量工件的各种参数，如长度测量、圆测量、角度测量、弧度测量、面积测量等。因此，越来越多的工厂开始使用视觉检测设备来进行产品外观尺寸检测。

在机器视觉的测量中，得到的尺寸并不是真实的物体尺寸，而是像素值，那么如何将像素值转成需要表示的实际物体尺寸？将机器视觉测量中得到的像素值转换为实际物体尺寸需要进行相机标定。

6.1 相机标定

相机标定是获取相机的内外参数，包括相机的焦距、主点位置、畸变参数等。相机标定可以通过使用特殊的标定板或标定物，在不同位置、角度下采集多张图像，然后通过对这些图像进行处理和分析，计算出相机的内外参数。

6.1.1 相机标定的原理

相机标定指建立相机图像像素位置与场景点位置之间的关系，根据相机成像模型，由特征点在图像中的坐标与世界坐标的对应关系，求解相机模型的参数。进行相机标定主要是求出相机的内外参数，以及畸变参数。由于每个镜头的畸变程度各不相同，通过相机标定可以校正这种镜头畸变，生成矫正后的图像。

无论是在图像测量或者机器视觉应用中，相机参数的标定都是非常关键的环节，其标定结果的精度及算法的稳定性直接影响相机工作产生结果的准确性。因此，做好相机标定是做好后续工作的前提，标定精度的大小直接影响着测量精度。

相机标定用到的坐标系主要有世界坐标系、相机坐标系、图像物理坐标系、图像像素坐标系等，如图6-1所示。

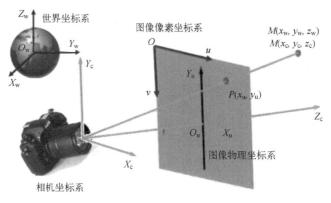

图 6-1　各种坐标系图解

- 世界坐标系：点在真实世界中的位置，描述相机位置。
- 相机坐标系：以相机传感器中心为原点，建立相机坐标系。
- 图像物理坐标系：经过小孔成像后得到的二维坐标系。
- 图像像素坐标系：成像点在相机传感器上像素的行数和列数，原点为图像左上角，不带有任何物理单位，或者说单位是像素（pixel）。光轴与图像平面的交点为主点。

世界坐标系经过刚体变换（位姿变换）后，转换到相机坐标系；相机坐标系经过透视投影关系、三角相似关系转换到图像物理坐标系（3D→2D）；图像物理坐标系经过同一成像平面上变换后，转换到图像像素坐标系，如图 6-2 所示。

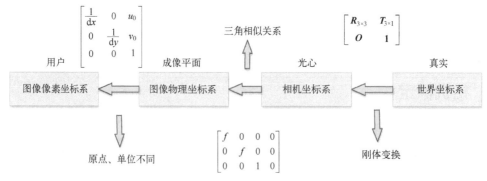

图 6-2　世界坐标系到图像像素坐标系转换图解

从世界坐标系到相机坐标系，写成矩阵形式为

$$\begin{bmatrix} x_c \\ y_c \\ z_c \\ 1 \end{bmatrix} = \begin{bmatrix} \boldsymbol{R}_{3\times3} & \boldsymbol{T}_{3\times1} \\ \boldsymbol{O} & 1 \end{bmatrix} \begin{bmatrix} x_w \\ y_w \\ z_w \\ 1 \end{bmatrix} \tag{6-1}$$

从相机坐标系到图像物理坐标系，写成矩阵形式为

$$Z \begin{bmatrix} x \\ y \\ 1 \end{bmatrix} = \begin{bmatrix} f & 0 & 0 & 0 \\ 0 & f & 0 & 0 \\ 0 & 0 & 1 & 0 \end{bmatrix} \begin{bmatrix} x_c \\ y_c \\ z_c \\ 1 \end{bmatrix} \tag{6-2}$$

从图像物理坐标系到图像像素坐标系，写成矩阵形式为

$$
\begin{bmatrix} u \\ v \\ 1 \end{bmatrix} = \begin{bmatrix} \dfrac{1}{\mathrm{d}x} & 0 & u_0 \\ 0 & \dfrac{1}{\mathrm{d}y} & v_0 \\ 0 & 0 & 1 \end{bmatrix} \begin{bmatrix} x \\ y \\ 1 \end{bmatrix} \tag{6-3}
$$

则从世界坐标系到图像像素坐标系，写成矩阵形式为

$$
Z \begin{bmatrix} u \\ v \\ 1 \end{bmatrix} = \begin{bmatrix} \dfrac{1}{\mathrm{d}x} & 0 & u_0 \\ 0 & \dfrac{1}{\mathrm{d}y} & v_0 \\ 0 & 0 & 1 \end{bmatrix} \begin{bmatrix} f & 0 & 0 & 0 \\ 0 & f & 0 & 0 \\ 0 & 0 & 1 & 0 \end{bmatrix} \begin{bmatrix} \boldsymbol{R}_{3\times3} & \boldsymbol{T}_{3\times1} \\ \boldsymbol{O} & 1 \end{bmatrix} \begin{bmatrix} x_{\mathrm{w}} \\ y_{\mathrm{w}} \\ z_{\mathrm{w}} \\ 1 \end{bmatrix}
$$

$$
= \begin{bmatrix} f_x & 0 & u_0 & 0 \\ 0 & f_y & v_0 & 0 \\ 0 & 0 & 1 & 0 \end{bmatrix} \begin{bmatrix} \boldsymbol{R}_{3\times3} & \boldsymbol{T}_{3\times1} \\ \boldsymbol{O} & 1 \end{bmatrix} \begin{bmatrix} x_{\mathrm{w}} \\ y_{\mathrm{w}} \\ z_{\mathrm{w}} \\ 1 \end{bmatrix} = \boldsymbol{M}_1 \boldsymbol{M}_2 \begin{bmatrix} x_{\mathrm{w}} \\ y_{\mathrm{w}} \\ z_{\mathrm{w}} \\ 1 \end{bmatrix} \tag{6-4}
$$

式中，Z 为一常数；f 为相机的焦距，单位一般为 mm；$\mathrm{d}x$、$\mathrm{d}y$ 为每个像素点在图像物理坐标系 X 轴、Y 轴上的尺寸，单位为 mm/像素，是每个传感器的固有参数；$f_x = f/\mathrm{d}x$，$f_y = f/\mathrm{d}y$ 分别称为 X 轴和 Y 轴上的归一化焦距；(u,v) 为点在图像像素坐标系中的坐标，即像素的列数、行数，实际情况下，传感器的中心并不在光轴上，安装的时候难免有些误差，两个新的参数 u_0、v_0 代表主点在图像像素坐标系下的偏移；$\boldsymbol{M}_1$ 为相机的内部参数，包括相机的焦距，光轴与图像平面的焦点位置等内部参数，和外部因素无关，因此称为内部参数，主要包含 4 个参数，即 $f/\mathrm{d}x$、$f/\mathrm{d}y$、u_0、v_0；$\boldsymbol{M}_2$ 为相机外部参数，表征世界坐标系到相机坐标系的位置转换关系，是相机在世界坐标系下的位置姿态矩阵，为 6 个参数（$\boldsymbol{R}_{3\times3}$，$\boldsymbol{T}_{3\times1}$）。

实际使用中，透镜由于制造精度以及组装工艺的偏差会引入畸变，得到的图像并不能完全按照小孔成像原理进行透视投影，通过透镜后物点在实际的成像平面上的像与理想成像之间存在一点畸变误差，导致原始图像的失真，如图 6-3 所示。

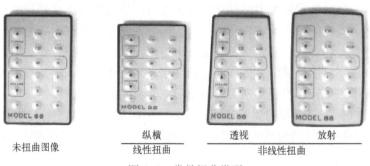

未扭曲图像	纵横	透视	放射
	线性扭曲	非线性扭曲	

图 6-3　常见扭曲类型

误差主要存在径向畸变和切向畸变两种。其他类型的畸变，没有径向畸变、切向畸变显著。径向畸变是由于相机的透镜形状造成的，切向畸变则是在相机的组装过程中造成的。影响镜头畸变的参数一共有 5 个，其中径向畸变 3 个，切向畸变 2 个。这 5 个参数和 $\boldsymbol{M}_1$ 一起，

都是需要标定的相机内参。

6.1.2 相机标定的方法

相机标定的过程可以概括为：准备标定物，拍摄图像，检测角点，提取角点坐标，建立三维-二维对应关系。将每个角点的像素坐标与其在标定板上的真实三维坐标进行对应，使用已知的三维-二维对应关系，通过最小二乘法或其他优化算法估计相机的内部参数（如焦距、主点坐标）和外部参数（如相机的位置和方向）。根据估计得到的内部参数，可以对图像进行畸变矫正。对标定结果进行评估，可以通过计算重投影误差来衡量标定的准确性。如果需要更准确的结果，可以进一步调整标定参数并重复以上步骤。通过这些步骤，相机标定可以得到相机的内部参数和外部参数，从而在后续的计算机视觉任务中实现准确的图像测量和三维重建。

相机标定方法主要有主动视觉相机标定法、相机自标定法和标定物标定法。

主动视觉相机标定法是指已知相机的某些运动信息，对相机进行标定。该方法不需要标定物，但需要控制相机做某些特殊运动，利用这种运动的特殊性可以计算出相机内部参数。主动视觉相机标定法的优点是算法简单，往往能够获得线性解，故鲁棒性较高，缺点是系统的成本高、试验设备昂贵、试验条件要求高，而且不适合于运动参数未知或无法控制的场合。

相机自标定法并不需要知道图像点的三维坐标，它通过计算某一点在不同拍摄角度的场景图中的相对关系来确定相机标定的参数问题。相机自标定法的这种特性，使得它能够完成一些未知相机参数的标定。这种标定方法比其他方法更灵活，但是稳定性不高，精度低。

标定物标定法不仅需要明确标定物大小、形状，还要确定物体表面的特殊点坐标。其原理就在于利用数学方法找出某一点的空间坐标和图像坐标的对应关系，进而求取相机参数。典型的有张正友平面标定法（简称张氏标定法）等。其中，标定物又分为立体标定物和平面标定物。立体标定物标定法操作简便，精度可靠。但是立体标定物制作成本昂贵，加工和维护比较困难。平面标定物制作简单，通过改进算法也可以保证所需的精度，所以近年来的一些标定方法都是基于平面标定的基础来发展改进的。

张氏标定法是使用二维方格组成的标定板进行标定的。采集标定板不同位姿图片，提取图片中角点像素的坐标，通过单元矩阵计算出相机的内外参数初始值，利用非线性最小二乘法估计畸变系数，最后使用极大似然估计法优化参数。该方法介于主动视觉相机标定法和相机自标定法之间，既克服了主动视觉相机标定法需要高精度三维标定物的缺点，又解决了相机自标定法鲁棒性差的难题。标定过程仅需一个打印出来的棋盘格，并从不同方向拍摄几组图片即可。该方法不仅使用灵活方便，而且精度很高，鲁棒性好，因此很快被全世界广泛采用，极大地促进了三维计算机视觉从实验室走向真实世界的进程。

张氏标定法中的一个重要部件是标定板，其中广泛应用的是棋盘格标定板和圆点格标定板，因为棋盘格或圆点格的拓扑结构明确且均匀，且检测其拓扑结构的图像处理算法简单且有效。

6.1.3 相机标定的视觉标定工具

VisionPro 包含两个视觉标定工具，即 CogCalibCheckerboardTool 和 CogCalibNPointToN-PointTool。CogCalibCheckerboardTool 使用标定板，并且可以计算线性变换和非线性变换。CogCalibNPointToNPointTool 要求提供有关一组点在图像和真实坐标中的位置的信息，并且它

只能计算线性变换。

1. CogCalibCheckerboardTool 标定

要使用 CogCalibCheckerboardTool，必须获取标定板的图像，并以实际物理单位提供标定板上的网格点的间距。常用的标定板是棋盘格标定板和圆点格标定板，如图 6-4 所示。

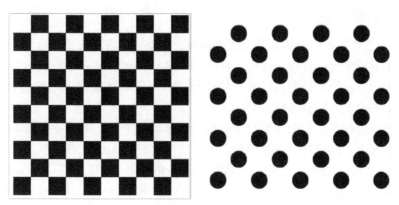

图 6-4　棋盘格标定板和圆点格标定板

对于棋盘格标定板，黑、白方块必须以交叉方式排列且具有同样的尺寸，黑、白方块的长宽比应该在 0.90~1.10 范围内。所采集的图像必须包括至少 9 个完整方块，方块必须至少为 15×15 像素。

CogCalibCheckerboardTool 通过标定板来建立像素坐标和实际坐标之间的 2D 转换关系，计算线性变换。除了计算此线性变换之外，该工具还可以计算一个非线性变换，该非线性变换考虑了用于获取图像的相机或镜头引入的任何光学或透视畸变，并且通过扭曲运行时的图像来校正此畸变。

在进行标定时，含有标定板的图像必须是黑白的。在运行时，图像既可以是黑白的也可以是彩色的。

2. CogCalibNPointToNPointTool 标定

CogCalibNPointToNPointTool 用两组点来校正图像，一组点为像素坐标点，另一组点是像素坐标点对应的物理坐标点。此工具用这两组点计算一个最佳的 2D 转换，并将此 2D 转换工具保存在工具中，在此工具运行的时候将此 2D 转换添加到输入图像的坐标空间树中，并输出校正后的图像。

6.2　项目任务：锂电池尺寸测量

锂电池常用于各种电子产品中，不同的产品要求的电池尺寸也不一样，所以电池生产中需要制造规格大小不一的产品，尺寸的合格与否都需要进行精密的测量。先模拟生产线上的工件尺寸测量，只有符合公差要求的工件才能保留下来。

锂电池标准尺寸为：长 56.0mm，宽 38mm，公差为±0.2mm。

任务要求：

1) 对视野范围内的电池块进行定位，能够在视野下准确找到锂电池块。

2）对锂电池进行标定处理，学习标定的概念和基本操作流程。

3）测量锂电池块的长和宽，判断是否合格。

4）测量锂电池块中心点到右侧边缘的距离。

5）将锂电池的尺寸、是否合格等数据显示到界面上。

6.2.1　任务分析

针对提出的任务要求，分析需要完成的操作，主要操作内容如下。

1）标定。对锂电池进行标定处理，使用工具 CogCalibCheckerboardTool。

2）特征定位。对视野范围内的电池块进行定位，能够在视野下准确地找到锂电池块。使用 ToolBlock 中的工具 CogPMAlignTool。

3）建立特征坐标系。提取锂电池块的特征坐标系，使用工具 CogFixtureTool。

4）测量长和宽。测量锂电池块的长和宽，使用测量工具 CogCaliperTool。

5）测量中心距。测量锂电池块中心点到右侧边缘的距离，使用几何工具 CogFindCornerTool、CogFindLineTool、CogFitLineTool、CogIntersectLineLineTool 和 CogDistancePointLineTool。

6）数据分析。对所测量的锂电池块的长和宽进行分析判断，使用工具 CogResultsAnalysisTool。

7）界面设计。进行人机交互界面设计。

6.2.2　任务实施

1. 硬件配置

添加相机和光源。打开 V+程序，单击"设备"菜单，添加 2D 相机，添加光源控制器。调整相机的工作距离、光圈，对焦，调整光源亮度，保证能够采集到清晰的图像。

2. 程序流程设计

程序流程如图 6-5 所示。

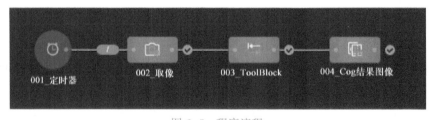

图 6-5　程序流程

（1）触发程序　在"信号"工具组下添加"定时器"信号源。定时时间可设置为 1 s。

（2）取像　在"图像"工具组下添加"取像"工具。对取像工具进行配置，取像图片类型设置为"ICogImage"，根据需要设置取像方式，可以为"相机取像""文件夹取像""单个图像文件"或者"IDB/ICB"文件。

（3）视觉任务处理　在"Cognex"工具组下，添加一个 ToolBlock 工具"003_Tool-Block"。

1）输入图像。配置输入项为"取像"获取的图像。

2）图像转换。在"003_ToolBlock"工具中，双击打开 VisionPro 工具，在"Image Processing"组中双击选择 CogImageConvertTool 工具，把获取的图片转化成灰度图片。

3）标定。添加 CogCalibCheckerboardTool 工具，用棋盘格标定。将棋盘格标定片置于相机视野中，采集拍摄图片，如图 6-6 所示。

双击打开 CogCalibCheckerboardTool 工具，对相关参数进行配置，并进行校正。在标定的时候，将标定板图像传递给 CogCalibCheckerboardTool 的 Current. InputImage。校准板的块尺寸 X、Y 设置为格子宽度即可，单位为 mm。校准板可以有一个原点，以两个交叉矩形表示，如图 6-7 所示。如果找到，该点将成为原始校准空间的原点。如果没有找到，原始校准空间的原点是最接近校准图像中心的顶点。

图 6-6　标定片

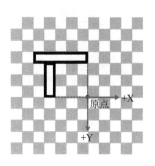

图 6-7　校准空间的原点

如图 6-8 所示，在"校正"选项卡中，将块尺寸 X、块尺寸 Y 和标定片棋盘格的尺寸保持一致，如 3 mm×3 mm。单击"抓取校正图像"按钮，将待校正图像从 Current. InputImage 传递给 Current. CalibrationImage。然后，单击"计算校正"按钮，运行工具，生成校正空间。

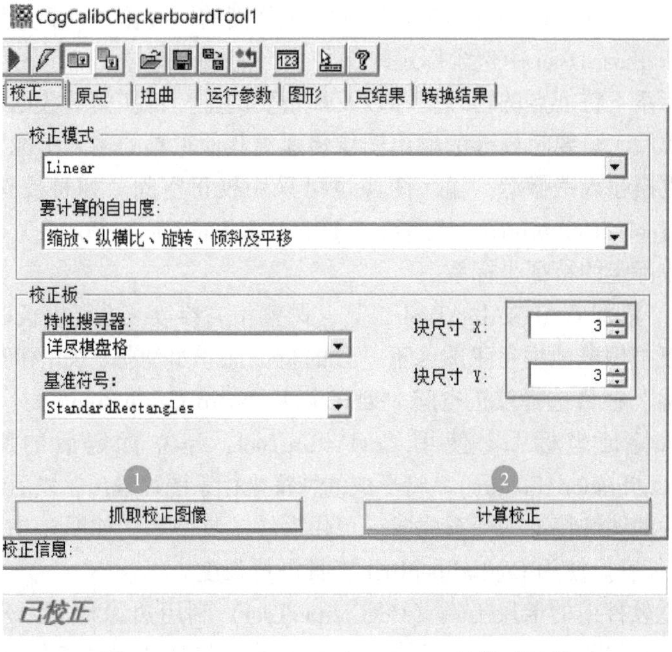

图 6-8　CogCalibCheckerboardTool1 的校正过程

计算校正完成时，注意查看"转换结果"选项卡的 RMS 误差，如图 6-9 所示。该误差表示将提取到的角点与利用转换关系计算的角点之间在未校正空间上的均方根误差，其数值一般在 0~1 之间，如果误差较大，则说明标定过程存在问题，这一点在使用 CogCalibN-PointToNPointTool 进行标定时要尤其注意。

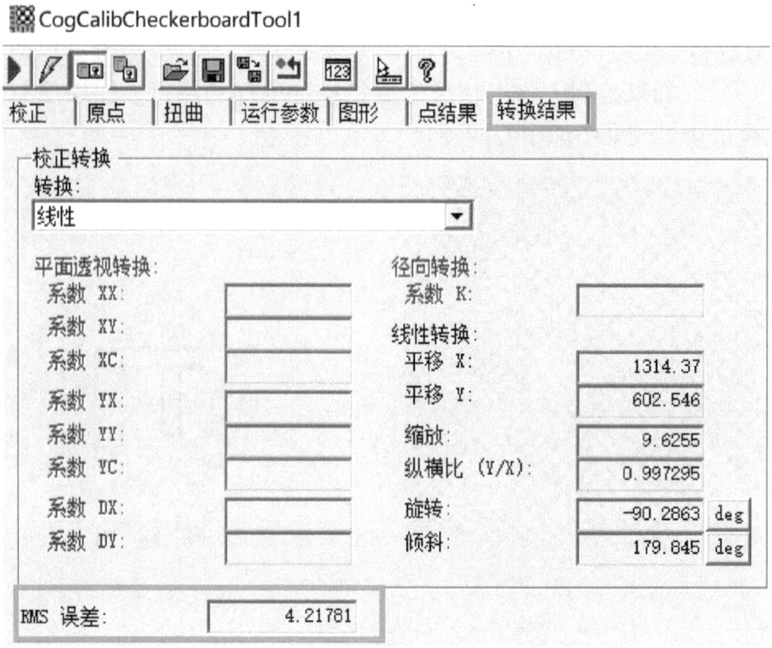

图 6-9 标定的结果数据

如果测量或者定位目标出现在相机视野的某一部分固定区域，也可以将较小的标定板放在该位置进行标定，这样可以在提高标定区域标定精度的同时提高计算速度。

CogCalibCheckerboardTool 中包含标定时图像、当前输入图像、输出图像、未标定点的图像坐标与原始坐标系下特征点的物理坐标以及最重要的坐标转换关系数据。

校正空间生成后，只要将校准的输出图像传递给其他工具的输入图像，即可使用校准结果。此时，即使更换输入图像源，输入图像也可采用校正空间。如将校正的输出图像 Cog-CalibCheckerboardTool1. OutputImage 传递给 CogPMAlignTool 和 CogFixtureTool。输入图像可采用校正空间，形成标定的特征坐标系。

4）特征提取。添加 CogPMAlignTool 工具，调整相关参数，进行模板匹配。在"抓取训练图像"时，注意把锂电池中每张图像不一致的特征掩膜过滤掉，如中间的文字和二维码。在"所选空间名称"栏目选择校正空间"@\Checkerboard Calibration"。

5）建立图像特征坐标系。使用 CogFixtureTool，建立标定后的图像特征坐标系（@\Checkerboard Calibration\Fixture）。将形成的特征坐标系图片输出，供后续工具参照使用。

至此，标定后的图像特征坐标系建成，可供后续工具使用，如图 6-10 所示。

6）卡尺测量长度。使用 CogCaliperTool 工具测量长度。

VisionPro 视觉软件中的卡尺工具（CogCaliperTool）利用边缘检测原理，来测量物体的宽度、边缘或特征的位置，边线对子的位置及宽度等。与其他视觉工具不同的是，CogCaliperTool 需要预先知道待测边缘或特征的大概位置和特点。

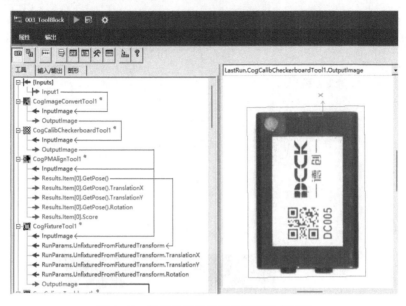

图 6-10 标定的图像特征坐标系形成过程

CogCaliperTool 的原理就是将二维空间投影转化成一维空间,在一维空间中进行边缘检测。如图 6-11 所示,沿着规定方向中的平行光线添加像素灰度平均值,形成一维投影图像。

所谓边缘是指图像的边缘,是图像局部区域中亮度变化明显的部分。边缘位于像素的灰度值产生突变的地方。边缘检测首先进行投影处理。投影处理是相对于检查方向进行垂直扫描,然后计算各投影线的平均浓度,以减少区域内的噪点造成的检查错误。投影线平均浓度波形被称为投影波形。

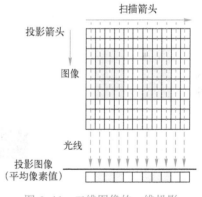

图 6-11 二维图像的一维投影

根据投影波形再进行相应处理,检测出边缘位置。通过边缘检测原理,可进行相应的视觉测量。在多个部位设置边缘位置模式,测量检测对象的位置坐标;利用边缘宽度的"外部尺寸"模式,检测零件的宽度、孔径等。以圆周作为检测区域,检测角度、内径等。

CogCaliperTool 的操作方法包括设置投影区域、设置卡尺参数、计分设置、运行、查看结果。应用 CogCaliperTool 的第一步就是在待测位置设定一个投影区域,投影区域包含了感兴趣特征,投影操作综合投影区域内的所有信息,增强与投影方向平行的边缘特征并减弱噪声的影响。辨识目标区域中的目标边线必须与投影方向平行。

CogCaliperTool 创建投影图像,应用边线筛选,应用对比和极性筛选,计分其余边缘待选项,返回得分最高的边缘。边线筛选的目的是从输入图像中消除噪声,如图 6-12 所示。

卡尺工具通过使用一个筛选算子遍历一维投影图像来执行筛选,如图 6-13 所示。

如图 6-14 所示,筛选算子尺寸接近边线尺寸产生较强的边线峰值,筛选尺寸太大或者太小会降低峰值。筛选算子宽度的设置即为卡尺工具中的"过滤一半像素"参数的设置。

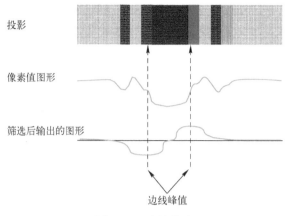

图 6-12　边线筛选

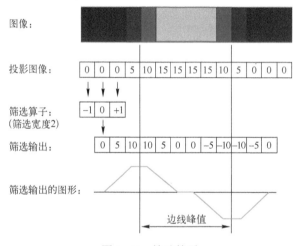

图 6-13　筛选算子

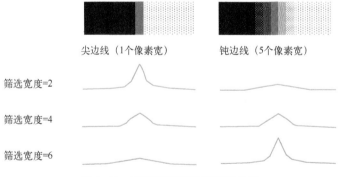

图 6-14　不同筛选算子宽度的效果

　　计分即为采用应用到该边线探测的计分方法，给最满足预期边线的边线对象打可能的最高分。VisionPro 卡尺工具主要有三种计分函数，通过选定的函数计算出需要查找的边。这三种计分函数分别是对比度函数、位置函数和尺寸函数，如图 6-15 所示。

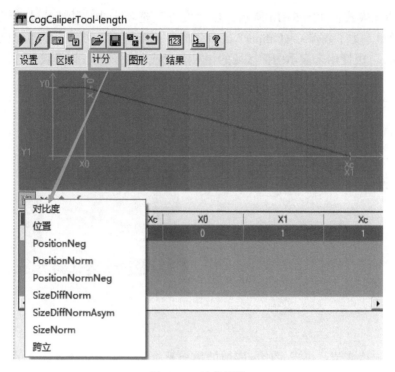

图 6-15　计分函数

对比度函数指所找线条两侧颜色的色差值，以像素值的变化来表示。对于边线对子，对比度是两个边线的平均对比度。如果图片格式是 bmp 格式的 8 位深度图片，图片色值就是 0~255，那么两种颜色的差值范围就是 0~255。对比度的工作原理是沿搜索方向查找第一根色差值大于或等于设定值的线。对比度只能在色差区分度较大的情况下使用，如果很多条线的色差值差不多，那么识别时就有可能找错。

位置函数指卡尺线沿搜索方向的线条到卡尺的距离（单位为像素）。位置是边缘与投影窗口的中心之间的距离。

尺寸函数相对前两个函数功能稍弱。它是沿搜索方向在卡尺框内抓取第一根符合条件的线。根据边线之间的宽度与边线模型的不同，有几种尺寸计算方式，如 SizeDiffNorm、SizeNorm、SizeDiffNormAsym 等。

跨立是指边线是否跨过投影窗口的中心。如果是，得分为 1；如果不是，得分为 0。

对于每个限制计算的原始得分通过所定义的计分函数转换为 0.0~1.0 范围内的一个最后得分；只报告有最高得分者为所检测的边线或者边线对子。

CogCaliperTool 辨别对象中的边线和边线对子，报告边线对子中的边线位置和边线之间的距离。

CogCaliperTool 的操作步骤如下。

① 设置投影区域：在"区域"选项卡中，选择"CogRectangleAffine"（仿射矩形），即可旋转和倾斜矩形，选择空间为校正空间"@\Checkerboard Calibration\Fixture"。用该矩形在校正空间中框选卡尺需要测量的待测区域。用于框选目标区域的蓝色方框可以调整大小，可以旋转和倾斜，以保证投影方向与待查找的边缘特征平行，投影方向和投影区域保持垂直。

② 设置边缘模式：如图 6-16 所示，在"设置"选项卡中，边缘模式可设置为查找单个边缘或边缘对。为了确保 CogCaliperTool 找到的边符合期望，可以设置边缘极性（从暗到明或从明到暗），极性用来表示图像区域的相对亮度或灰度级别，以及设置边缘对的宽度等参数。

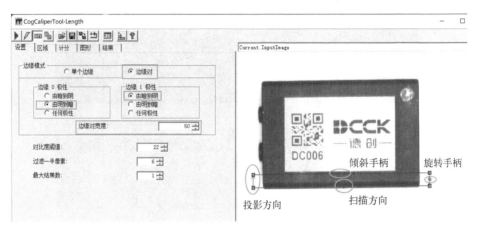

图 6-16　卡尺设置界面

③ 设置对比度阈值：小于对比度阈值的边会被忽略，大于对比度阈值的边被保留，如图 6-17 所示。

图 6-17　对比度阈值设置

④ 过滤一半像素：此参数主要用于边缘筛选，其目的是消除噪声和增强峰值。

⑤ 最大结果数 n：只从备选边中保留最强 n 条边，如果备选边不足 n，则全部保留。

运行卡尺工具后，显示找到的边线在报告的边线处的 LastRun. InputImage 中绘制绿线。其余结果图形在 LastRun. RegionData 中显示，显示仿射转换图像将像素从区域添加到区域数据（RegionData）。如图 6-18 所示，通过左侧的参数调整，能够在右侧区域中直观地显示是否找到边线（绿线）和具体所在位置。

在"结果"选项卡中，按照该边线或边线对某个计分函数所得的得分从高到低的顺序将测量结果显示在结果表格中。

将测量的结果添加到工具的输出端。选中卡尺工具，命名为"CogCaliperTool-Length"，右击并选择"添加终端"命令，打开"添加终端"界面。选择"所有（未过滤）"选项，找到 Results<CogCaliperResults>下的 Results. Item[0]. Width，单击"添加输出"按钮即可。将 CogCaliperTool 的输出链接到整个工具（003_ToolBlock）的输出终端"Outputs"，命名为"Length"，如图 6-19 所示。

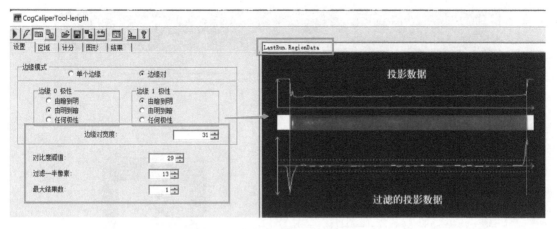

图 6-18　卡尺参数调整的结果显示

图 6-19　将测量结果添加到工具的输出端的过程示意

7）测量宽度。同以上步骤一样，使用 CogCaliperTool 测量锂电池块的宽度。将宽度的测量结果添加到工具输出。同样，将 CogCaliperTool 的输出链接到整个工具 003_ToolBlock 的输出终端"Outputs"，命名为"Width"。

8）测量中心距。测量中心距的流程是：依次找到锂电池的 4 个角点（A、B、C、D），然后找到对角线（AC、BD），由对角线找到中心点，即两个对角线的交点（AC-BD），然后找到锂电池的边线 AB，由中心点和边线测量其中心距，如图 6-20 所示。

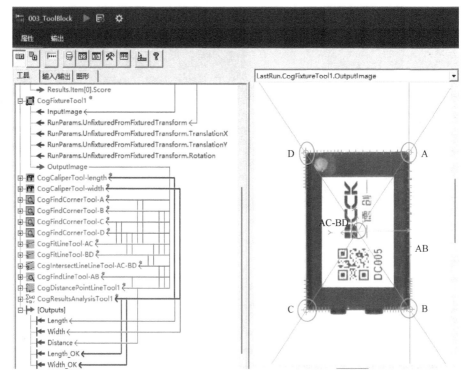

图 6-20　检测交点、线、距离工作流程

其中具体的操作步骤详细介绍如下。

① 定位角点。添加 CogFindCornerTool，选择标定输出的特征坐标系（@\Checkerboard Calibration\Fixture）。如图 6-21 所示，设置卡尺参数，包括卡尺数量、搜索长度、投影长度等，以便能够准确地找到锂电池块的角点。

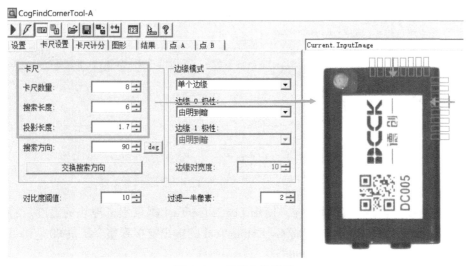

图 6-21　卡尺参数设置

CogFindCornerTool 用来查找角点，在利用 CogFindCornerTool 查找角点的时候，需要预先知道构成角的两条边界的大概位置，其原理是在角边界的大概位置放置卡尺，用卡尺定位构

成边界上的点，然后用这些点弥合成两条直线，这两条直线的交点即为所要查询的角点。

CogFindCornerTool 用来确定在终端返回角点是否存在、构成角度的两条直线的交点坐标等。

重复添加 4 个 CogFindCornerTool，直至锂电池块的 4 个顶点都找到。为了很好地辨识各个顶点，4 个工具可以依次命名为 CogFindCornerTool-A、CogFindCornerTool-B、CogFindCornerTool-C、CogFindCornerTool-D，如图 6-20 所示。

② 定位对角线。使用 CogFitLineTool，添加两个顶点（A、C）坐标输入项，得到对角线 AC。同样，得到对角线 BD。

③ 定位中心点。使用 CogIntersectLineLineTool，添加输入项（即对角线 AC、BD），得到交叉点，即中心点（AC-BD）坐标。

④ 定位边线。使用 CogFindLineTool，调整相关参数，准确地找到锂电池块右侧（长边）边线 AB。

⑤ 测量中心点至边线距离。使用 CogDistancePointLineTool，添加中心点（AC-BD）和右侧边线输入项（AB），测量出中心点到右侧边线的距离，并且将这个距离（Distance）链接到整个工具 003_ToolBlock 的输出终端"Outputs"，命名为"Distance"。

9）测量距离公差分析。添加 CogResultsAnalysisTool，对所测量的锂电池块的长和宽进行分析判断。如图 6-22 所示，把经卡尺测量的长和宽测量值添加到 CogResultsAnalysisTool 的两个输入 Input-Length 和 Input-Width。

名称	参数 0	运算符	参数 1	值	输出
Input-Length				56.080169030253	
Input-Width				38.153088734806	
Length-Upper	Input-Length	小于等于	56.2	True	☐
Length-Lower	Input-Length	大于等于	55.8	True	☐
Length-OK	Length-Upper	与	Length-Lower	True	☑
Width-Upper	Input-Width	小于等于	38.2	True	☐
Width-Lower	Input-Width	大于等于	37.8	True	☐
Width-OK	Width-Upper	与	Width-Lower	True	☑
Output	Accept	If	True	Accept	☐

图 6-22　锂电池块长宽测量值分析——CogResultsAnalysisTool 界面

如果公称长度为 56 mm，宽度为 38 mm，偏差为 ±0.2 mm，则长度上限为 56.2 mm，长度下限为 55.8 mm，宽度上限为 38.2 mm，宽度下限为 37.8 mm。如果测量长度在公差范围内，即表达式 Length-UpOK（Length ≤ 56.2）和表达式 Length-LowOK（Length ≥ 55.8）同为 True，此时 Length-OK 输出 True，否则输出 False。

同样，Width-OK 为判断测量宽度值是否在公差范围内的布尔值，即表达式 Width-UpOK（Length ≤ 38.2）和表达式 Width-LowOK（Length ≥ 37.8）同为 True，此时 Width-OK 输出 True，否则输出 False。

将判断输出结果输出。选择左侧工具树中的"CogResultsAnalysisTool1",右击,选择"添加终端"命令,在"成员浏览"→"所有(未过滤)"选项下,依次选择"CogResultsAnalysisTool→Result〈CogResultsAnalysisResult〉→EvaluatedExpressions〈CogResultsAnalysisEvaluationInfoCollection〉→Item["Length-OK"]〈CogResultsAnalysisEvaluationInfo〉→Value〈Object〉→Boolean",即将"Result.EvaluatedExpressions.Item["Length-OK"].Value.(System.Boolean)"添加到"CogResultsAnalysisTool1"的输出,如图6-23所示。

图6-23 长度判断结果输出过程示意图

同样,将"Result.EvaluatedExpressions.Item["Width-OK"].Value.(System.Boolean)"添加到"CogResultsAnalysisTool1"的输出。并将两个输出链接到整个工具003_ToolBlock的终端输出,分别命名为"Length_OK""Width_OK"。

(4)添加结果图像 在方案图中,添加Cognex工具组中的"Cog结果图像"工具,创建一个Record,链接为标定处理校正空间后的结果图像。

3. 人机交互(HMI)界面设计

打开"运行界面设计器",进行人机交互界面设计,如图6-24所示。

(1)添加"基础控件"控件 在"运行界面设计器"中,添加"基础控件"组中的"运行/停止"和"动作按钮"组件。添加"单行文本""形状""直线"等组件。

(2)添加"运行结果"控件 在"运行结果"组,将"OK/NG统计""结果数据""图像(Cognex)"等控件拖拽到设计界面合适位置,将测量的长、宽、中心点至长边的距离等数据和结果图像显示在界面中,并对所测长、宽距离进行直观显示。

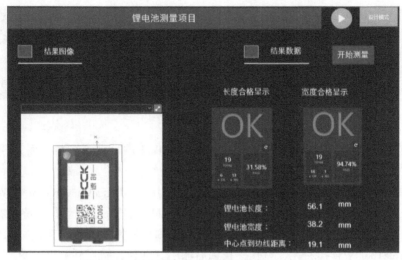

图 6-24　锂电池尺寸测量项目的 HMI 界面设计

6.3　拓展任务：零件尺寸测量和合格判断分析

针对图 6-25 所示的相机拍摄采集的零部件图片，进行标定，形成校正空间。在校正空间下，测量零件中间的宽度，以及两个孔的孔径，如图 6-26 所示。对所测量的数据是否在公差范围内进行判断。

图 6-25　待测量的零部件图片

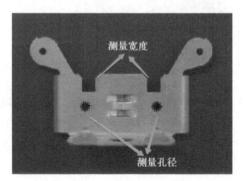

图 6-26　需要测量的宽度、孔径等

6.3.1　程序设计流程

整个程序设计流程如图 6-27 所示。

图 6-27　程序设计流程

在视觉工具流程中，没有采用 CogResultsAnalysisTool 进行数据分析，而采用了 V+软件中的"数据"组中的"逻辑运算"控件。下面详细介绍。

视觉工具块流程如图 6-28 所示，主要包括：采用 CogImageConvertTool 转换灰度图像，采用 CogCalibCheckerboardTool 进行标定，采用 CogPMAlignTool 进行图像特征提取，采用 CogFixtureTool 建立特征坐标系，采用 CogCaliperTool 测量零件的宽度。在视觉工具块中，采用 CogFindCircleTool 来查找左孔、右孔，找到后输出其孔径，链接到输出终端。

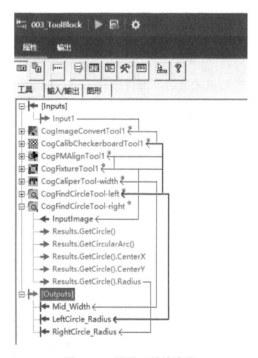

图 6-28　视觉工具块流程

如图 6-29 所示，采用 V+视觉软件中的"数据"组中的"逻辑运算"控件进行分析判断。对于输出的中间宽度、孔径，分别进行尺寸上下限的"数值比较"，在对这两个"数值比较"的结果进行"逻辑与"运算后，分别将其输出（@ WidthOK、@ LeftCircleOK、@ RightCircleOK）。当输出结果为 True 时，表示其在公差范围内，为良品；否则表示其不在公差范围内，为非良品。

6.3.2　人机交互界面设计

设计人机交互界面，把测量结果显示出来，可参照图 6-30。

图 6-29 逻辑运算工具界面

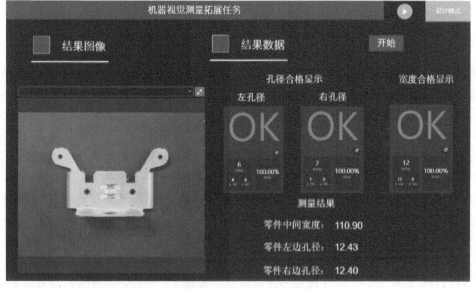

图 6-30 测量拓展任务的人机交互界面设计

思考与练习

1. 机器视觉测量时，为什么需要标定？
2. 相机标定有哪些主要方法？视觉软件主要有哪些工具来实现标定？
3. VisionPro 软件中的 CogCaliperTool 操作的主要步骤是什么？
4. 如何将 VIsionPro 软件中的 CogResultsAnalysisTool 的结果输出到 ToolBlock 的终端？
5. 用视觉软件实现拓展任务。请分析，如果没有做标定，结果会有什么不同？

第7章　机器视觉检测

机器视觉检测技术的应用非常广泛，涵盖了从智能交通到医疗保健等多个领域。机器视觉在工业检测领域应用占比大，主要用于产品质量检测、产品分类、产品包装等，如零件装配完整性检测，装配尺寸精度检测，零件识别，印制电路板检测，印刷品检测，瓶盖检测，玻璃、烟草、棉花检测等。

在机器视觉工业检测中，外观表面缺陷检测是一种常见的任务，旨在通过对产品或工件表面图像的分析，自动识别和检测可能存在的缺陷，例如划痕、裂纹、气泡、颜色不均等。外观表面缺陷检测关注于产品外观的质量和完整性，其他的工业检测任务可能涉及尺寸测量、位置定位、包装检测等不同方面的检测，但外观表面缺陷检测通常是其中一个必要的子任务。这种缺陷检测可以应用于许多行业，包括制造业、印刷业、电子设备制造等。

7.1　机器视觉表面缺陷检测

缺陷检测通常指对制造过程中的产品进行检测，目的是发现和定位可能存在的缺陷或错误。这些缺陷或错误可能包括尺寸不一致、形状不规则、损伤或瑕疵等。缺陷检测是机器视觉需求中难度较大的一类需求，要保证检测的稳定性和精度，又要实现缺陷检测的通用性。

在产品制造的工业过程中，表面缺陷通常是最常见的缺陷类型之一，这些缺陷可能是产品表面的凹陷、磨损、裂缝、划痕等。表面缺陷是产品质量受到影响的最直观表现，工业产品的表面缺陷对产品的美观度、舒适度和使用性能等都带来不良影响，生产企业必须对产品的表面缺陷进行检测以便及时发现并加以控制。表面缺陷检测则是指在表面上检测出现的缺陷，它通常是缺陷检测中一个重要的环节。

7.1.1　图像的表面特征

图像的特征提取是基于机器视觉的表面缺陷检测的重要一环，其有效性对后续缺陷目标识别精度、计算复杂度、鲁棒性等均有重大影响。图像的表面特征可以指代图像中的各种视觉属性和视觉元素，目前常用的图像特征主要有纹理特征、形状特征、颜色特征等。

1. 纹理特征

纹理是表达图像的一种重要特征，它不依赖于颜色或亮度而反映图像的同质现象，反映了表面结构组织排列的重要信息以及它们与周围环境的联系。与颜色特征和灰度特征不同，纹理特征不是基于像素点的特征，它需要在包含多个像素点的区域中进行统计计算，即局部性；同时，局部纹理信息也存在不同程度的重复性，即全局性。纹理特征常具有旋转不变性，并且对于噪声有较强的抵抗能力。

纹理特征提取方法是用于描述图像中纹理信息的方法，常见的纹理特征提取方法主要包括以下几种。

1) 灰度共生矩阵：灰度共生矩阵是一种统计方法，用于描述图像中灰度级别之间的空间关系。它可以计算图像中相邻像素对的出现频率，并提取纹理特征，如对比度、能量、相关性和熵等。

2) 方向梯度直方图：方向梯度直方图是一种常用的纹理特征提取方法。它通过计算图像中局部区域的梯度方向直方图来描述纹理特征，特别适合用于描述物体边缘和纹理边界。

3) 局部二值模式（LBP）：局部二值模式是一种用于提取纹理特征的简单有效的方法。它将图像划分为局部区域，并比较每个像素与周围像素的灰度差异，生成二进制编码，然后提取 LBP 直方图作为纹理特征表示。

4) 高斯滤波器组：高斯滤波器组是一种基于多尺度分析的纹理特征提取方法。它通过应用一组不同尺度和方向的高斯滤波器对图像进行滤波处理，并计算滤波后的图像响应来描述纹理特征。

还有尺度不变特征变换等方法。直方图统计方法在一定程度上可以用于纹理特征的描述，尤其在一些特定场景下，可以通过纹理在灰度级别之间的分布信息进行纹理特征的提取。但它只反映了图像灰度出现的概率，没有反映像素的空间分布信息。

2. 形状特征

形状是图像中物体的几何结构和轮廓，可以通过提取图像的边缘、轮廓、拐角等特征来描述图像的形状特征。形状特征是进行物体识别时所需要的关键信息之一，它不随周围的环境（如亮度）等因素的变化而变化。

在二维图像中，形状通常被认为是一条封闭的轮廓曲线所包围的区域。对形状特征的描述主要可以分为基于轮廓形状与基于区域形状两类，区分方法在于形状特征仅从轮廓中提取还是从整个形状区域中提取。基于区域的形状特征是利用区域内的所有像素集合起来获得用以描述目标轮廓所包围的区域性质的参数。

基于区域的形状特征主要有几何特征、拓扑结构特征等。几何特征包括区域简单特征描述，如面积、周长、质心、矩形度、长宽比等；还包括基于形状相似性的特征，如区域的矩形度、圆度、偏心率、面积周长比，还有基于形态曲率和多边形描述的形状特征等。拓扑结构特征不受图像几何畸变的影响，是一种不依赖于距离变化的全局特征，通常表明图像的连通性。

图像形状特征提取方法有多种，常用的方法如下。

1) 边缘检测：边缘检测是一种常用的图像形状特征提取方法。它通过分析图像中灰度值的变化来检测出物体的边界，从而获得物体的形状信息。常用的边缘检测算法包括 Sobel 算法、Prewitt 算法、Canny 算法等。

2) 轮廓提取：轮廓提取是一种基于边缘的图像形状特征提取方法。它通过连接边缘像素点，提取出物体的轮廓线条，进而获取物体的形状信息。常用的轮廓提取算法包括边缘跟踪算法（如 Douglas-Peucker 算法、边缘链码等）。

3) 霍夫变换：霍夫变换是一种用于检测特定形状（如直线、圆）的图像形状特征提取方法。它通过在参数空间中进行累加来检测特定形状的存在，从而获取物体的形状信息。常见的霍夫变换包括霍夫直线变换和霍夫圆变换。

4) 斑点分析：斑点分析是一种用于提取和分析图像中的斑点或小区域的形状特征的方

法。它通常包括对斑点的检测、分割和特征提取等步骤。常见的斑点分析方法包括连通组件标记、面积计算、灰度统计等。

斑点分析方法可以被视为图像形状特征提取的一个子领域，它专注于对离散的斑点进行定量分析。这些方法可以与其他形状特征提取方法结合使用，以综合分析和描述图像中的形状特征。

3. 颜色特征

颜色特征是人类感知和区分不同物体的一种基本视觉特征，是一种全局特征，描述了图像或图像区域所对应的景物的表面性质。颜色特征对于图像的旋转、平移、尺度变化都不敏感，表现出较强的鲁棒性。

常用的图像颜色特征提取方法如下。

1）颜色直方图：颜色直方图是一种统计图表，用于描述图像中各个颜色的分布情况。它将图像中的颜色分为若干个离散的颜色区间，并统计每个区间内的像素数量或像素比例。通过计算颜色直方图，可以获得图像的颜色分布特征。

2）颜色矩：颜色矩是一种统计量，用于描述图像颜色的分布和集中程度。常用的颜色矩包括颜色均值、颜色方差、颜色偏度和颜色峰度等。颜色矩特征可以用于表示图像的颜色分布特征。

3）颜色空间变换：颜色空间变换是将图像从一种颜色空间转换到另一种颜色空间，可以提取不同的颜色特征。常用的颜色空间包括 RGB、HSV 等。通过将图像转换到特定的颜色空间，可以突出某些颜色信息，用于颜色特征的提取。

颜色直方图是最常用的表达颜色特征的方法，它能简单描述一幅图像中颜色的全局分布，即不同色彩在整幅图像中所占的比例，特别适用于描述那些难以自动分割的图像和不需要考虑物体空间位置的图像。

7.1.2 表面缺陷的视觉软件处理方法

一般来说，产品表面缺陷分为结构缺陷、几何缺陷和颜色缺陷等几种类型。常见的工件完整性检测属于结构缺陷检测，尺寸规格检测属于几何缺陷检测，而印刷品质量检测中常需要进行颜色缺陷检测。

在 VisionPro 软件中，相对应的缺陷检测算法如下。

1. 直方图统计方法

VisionPro 视觉软件中基于直方图特征（统计特征）的方法为 CogHistogramTool。直方图特征方法计算简单，具有平移和旋转不变性，对颜色像素的精确空间分布不敏感等，在表面检测、缺陷识别中有不少应用。

2. 斑点分析方法

VisionPro 视觉软件中基于形状特征的几何形态分析方法为 CogBlobTool。斑点分析又称为 Blob（斑点）分析，是一种基于对一致图像区域分析的机器视觉的基本技术，用于从背景中清晰辨别出被检物体区域。

CogBlobTool 用于分析和识别二值化图像中的形状特征。斑点是指图像中的一个连通区域，其边界由同一类像素组成。CogBlobTool 通过分析斑点的几何形态特征来描述和识别目标形状。

Blob 分析是对图像中相同像素的连通域进行分析（该连通域称为 Blob）。其过程就是将图像进行二值化，分割得到前景和背景，然后进行连通区域检测，从而得到 Blob 块的过程。Blob 分析工具可以从背景中分离出目标，并可以计算出目标的数量、位置、形状、方向和大小，还可以提供相关斑点间的拓扑结构。

CogBlobTool 具有以下几个主要的功能。

1）形态分析：CogBlobTool 可以计算 Blob 的一些形态特征，如面积、周长、质心、惯性矩等，这些特征可以用于描述和识别目标的形状。

2）形态滤波：CogBlobTool 可以根据 Blob 的形态特征进行滤波处理，例如，可以根据面积大小、长宽比等特征过滤掉不符合要求的 Blob。

3. 图像/模板匹配方法

模板匹配是一种最基本的模式识别方法。VisionPro 视觉软件中为 CogPatInspectTool，该工具将输入图像区域中包含的特征与经过训练的图案中存储的特征进行比较，并生成突出显示它们之间差异的输出图像，如图 7-1 所示。

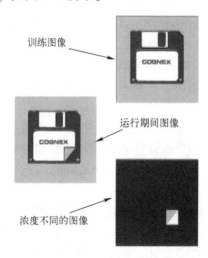

图 7-1　CogPatInspectTool 检测缺陷的工作过程示意

输出图像会突出显示输入图像中的潜在缺陷，例如缺失或错位的特征，对象上的错误或不需要的标记或颜色错误的表面。

在待检测图像上，CogPatInspectTool 根据不同的感兴趣区域（ROI）用指定的匹配方法与模板库中的所有图像进行搜索和匹配，对模板图像与待检图像进行完全的比对，并生成突出显示它们之间差异的输出图像。这种方法相比 Blob 分析有较好的检测精度，同时也能区分不同的缺陷类别。如果图像或者模板发生变化，比如旋转，修改某几个像素，图像翻转等操作之后，就无法进行匹配了。

训练图像来源于一幅或者多幅没有缺陷的图像，通常情况下选择多幅图像，这样可以在一定程度上抑制光照不均匀带来的差异。图像训练的环境和检测运行的环境在光照、视野、背景等硬件环境部署方面要保持高度一致。对于提供多幅训练图像的情况，图像区域的像素值为检测区域相对应位置的像素平均值。

CogPatInspectTool 使用训练后的模式生成标准偏差图像，该图像中的每个像素都是统计训练图像中像素值的标准偏差的量度。标准偏差图像表示训练图案中每个像素的预期可变程度。如果使用单个输入图像创建训练好的图案，则 CogPatInspectTool 将使用 CogSobelEdgeTool 生成伪标准偏差图像。

对于用于创建训练模式的每个输入图像，CogPatInspectTool 都会重新计算标准偏差图像，然后使用当前的标准偏差图像生成阈值图像。阈值图像就是对标准差图像的对应像素值进行线性变换。阈值图像为每个像素设置一个阈值，CogPatInspectTool 使用该阈值图像去除不代表缺陷的差别。在 CogPatInspectTool 运行时，它会从模板图像中减去运行图像中的像素并且将结果与阈值图像相比较。对于超过阈值图像中对应值的原始差异图像中的像素值进行保存，小于阈值图像中对应值的像素值置零，生成阈值差异图像。

CogPatInspectTool 对照明的变化非常敏感，即使环境光照水平的微小变化也可能导致工具将运行时图像中的亮点或暗点视为缺陷。为了补偿变化的光照水平，该工具可以在对运行时图像进行差异分析之前对其进行图像归一化操作，将无缺陷像素的值降低或提高到训练模式中存储的相同水平。

CogPatInspectTool 的图像归一化方法如下。

1）Identity：对运行时图像不进行归一化，主要是在测试阶段用来进行观察，确定不进行归一化可能出现的缺陷位置与缺陷类型。

2）Histogram Equalization：直方图均衡化，调整运行时图像的灰度直方图，使其与训练后图像的灰度直方图相匹配，适用于检测面积比较小的情况，因为大面积出现缺陷会影响灰度直方图分布。

3）Match Tails：适用于图像中可能出现阴影或者耀光的情况，Mean and Standard Deviation 适用于大小适中的缺陷检测以及光照变换比较明显的情况，Robust Line Fit 可以容忍更大的缺陷，但需要更多的处理时间。Local Correction or Enhanced Local Correction 为局部修正方法。

CogPatInspectTool 使用 PatMax 技术探测缺陷。缺陷被定义为运行时图像中超出正常预期的图像差别的任何变化，缺陷可能是物体遗失（阻塞）或者多余（杂乱）。通过将当前图像进行归一化操作，然后与训练图像对比，获取"原始差异图像"，再将原始差异图像与由训练图像产生的"阈值图像"进行对比，进而获取"阈值差异图像"，得到最终的当前图像与训练图像的差异，通常差异区域为缺陷所在。可使用其他视觉工具在阈值差异图像上执行进一步的分析。

4. 颜色匹配方法

VisionPro 视觉软件中基于颜色特征匹配的工具为 CogSearchMaxTool。CogSearchMaxTool 结合了 CogPMAlignTool 和 CogCNLSearchTool 的优缺点；CogPMAlignTool 与其他一些模型定位算法一样，首先训练一个模型，然后在运行时图像上查询一个或多个已训练的模型。CogCNLSearchTool 用来测量图像中某一特征与事先训练好的模型的相似程度，特征就是图像中特定的模型。CogCNLSearchTool 既可查找基于灰度的特征，也可查找基于边缘的特征。

CogSearchMaxTool 使用归一化相关搜索匹配功能，通过颜色特征来寻找目标物体。即使角度、大小和阴影发生变化，此方法也能准确地查找物体，并且不依赖灰度级。该工具适合彩色图像、小图案（特征少的图像）的检测场合，包含纹理图像、图像倾斜等颜色缺陷检测。

7.2 项目任务一：齿轮缺陷检测

绝大部分机械成套设备的主要传动部件都是齿轮传动。齿轮及其齿轮产品是机械装备的重要基础件，对于整体的动力系统有着非常大的作用。齿轮质量的优劣直接影响机器的使用寿命和安全生产。齿轮产品在生产过程中，可能会存在断齿、齿短、齿崩、缺齿、齿歪等外观缺陷，它们会影响齿轮的精确性，使啮合出现问题。在质检环节，必须将这些瑕疵品剔除掉。应用机器视觉检测设备检测齿轮外观缺陷，可以提高检测效率和精度，对机械行业具有极为重要的意义。

对生产线上生产的齿轮，如图 7-2 所示，进行齿轮缺陷检测。要求统计齿数，测量齿轮圆心距，读出二维码等，显示这些信息，并进行废品/良品（NG/OK）判断，并显示在 HMI 界面上。

图 7-2　待检测齿轮图示

任务要求：

1）读出视野范围内的齿轮上的二维码信息。

2）测量视野范围内的齿轮内圆的圆心距。

3）对视野范围内的齿轮的齿数进行统计。

4）检测视野范围内的齿轮轮齿是否缺失，进行 NG/OK 判断。

5）将齿轮上的读码结果、齿轮齿数、圆心距、NG/OK 判断结果等信息开放到界面上显示。

7.2.1　任务分析

针对提出的任务要求，分析需要完成的操作，主要操作内容如下。

1）灰度转换。使用 CogImageConvertTool，对视野范围内的齿轮图像进行图像转换，转成灰度图像。

2）特征定位。使用 CogPMAlignTool，对视野范围内的齿轮进行定位，能够在视野下准确地找到齿轮。

3）建立特征坐标系。使用 CogFixtureTool，提取齿轮图像的特征坐标系。

4）二维码识别。使用读码工具 CogIDTool，读取齿轮图像中的二维码信息。

5）测量圆心距。使用几何工具 CogFindCircleTool，测量齿轮内圆的圆心距。

6）统计齿数。使用斑点分析工具 CogBlobTool，统计齿轮的齿数。

7）数据分析。使用 CogResultsAnalysisTool，针对齿轮齿数，进行 NG/OK 判断。

8）人机交互界面设计。

7.2.2　任务实施

1. 硬件配置

添加相机和光源。打开 V+程序，单击"设备"菜单，添加 2D 相机，添加光源控制器。调整相机的工作距离、光圈，对焦，调整光源亮度，保证能够采集到清晰的图像。

2. 程序流程设计

（1）触发程序和取像　添加内部触发信号源和取像工具，对取像工具进行配置。取像图片类型设置为"ICogImage"，根据需要设置取像方式，可以为"相加取像""文件夹取像""单个图像文件"或者"IDB/ICB"文件。

（2）ToolBlock 视觉任务处理　添加一个 ToolBlock 工具，配置输入项为取像的图像。

1）灰度转换。将齿轮放置在相机下方视野范围内，在 ToolBlock 工具箱中，使用 CogImageConvertTool 将采集到的图像转变为灰度图像。

2）特征提取。使用 CogPMAlignTool 调整相关参数，进行模板匹配。观察图像后，取中间的小圆进行特征匹配，如图 7-3 所示。

3）建立特征坐标系。使用 CogFixtureTool，建立特征坐标系。

4）二维码识别。添加 CogIDTool，识别图像中的数据阵信息，将识别出的二维码信息 Results.Item[0].DecodedData.DecodedString 链接到整个 ToolBlock 的输出终端"Outputs"，并命名为"Gear_String"。

5）测量内圆半径。使用 CogFindCricleTool，找出齿轮内圆。如图 7-4 所示，在"结果"选项卡中可显示此圆的圆心坐标和半径。

图 7-3　特征提取界面

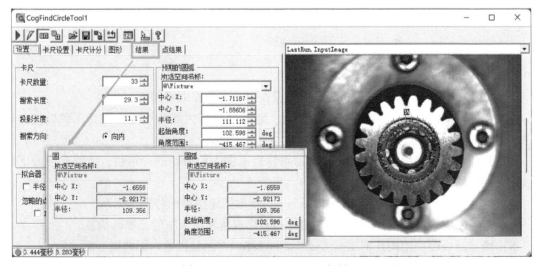

图 7-4　CogFindCricleTool 运行界面

将找到圆的半径数值 Results. GetCircle（）. Radius 链接到整个 ToolBlock 的输出终端 "Outputs"，并命名为 "Gear_Radius"。

6）斑点分析。使用 CogBlobTool 统计齿数。"区域形状"使用圆环（CogCircularAnnulusSection），所选空间为图像的特征坐标系（@\Fixture）。通过圆环分割齿轮的齿，进行 Blob 分析，如图 7-5 所示。

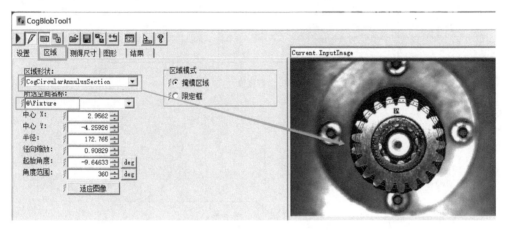

图 7-5　斑点分析时的区域选择

CogBlobTool 用于搜索斑点，即输入图像中任意的二维封闭形状。使用 Blob 编辑控件可以指定工具运行时所需的分段、连通性和形态调整参数，以及工具执行的测量类型。斑点分析用于分析一个闭合形状的特性。

在图像上进行斑点分析的处理时，图像必须分割成需要处理的目标像素和背景像素。斑点分析探测并且分析图像中的二维形状，通过辨别处于用户定义的灰度范围内的像素不同组来查找对象，报告多种属性：面积、质心、周长、主轴等。

CogBlobTool 运行的流程一般是：分割图像，应用连通性规则，执行任何形态学，计算测量，得出结果和输出图像。斑点在其运行时所做的第一件事就是图像分割，确定哪些像素是斑点像素以及哪些是背景像素。有数种模式可以指定哪些可以将斑点与背景像素分开。

模式有硬阈值（固定）、硬阈值（相对）、硬阈值（动态）、软阈值（固定）、软阈值（相对）、映射、减影图像等，如图 7-6 所示。

多数图像分割会要求设置以下参数。

- 极性：在光亮背景上的黑色斑点或在黑色背景上的光亮斑点。
- 阈值：将斑点像素从背景像素中分开来的值。灰度值低于阈值的所有像素作为目标像素，高于阈值的所有像素被指定为背景像素，如图 7-7 所示。

根据像素个数统计方式的差异，有硬阈值和软阈值。

- 硬阈值：单一定值，分割统计斑点像素与背景像素。
- 软阈值：一系列阈值，采用像素加权计划进行统计。

根据灰度分割值计算方式的差异，有固定阈值、相对

图 7-6　CogBlobTool 的设置

阈值和动态阈值，如图 7-8 所示。

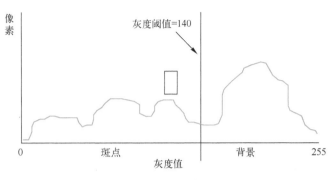

图 7-7　阈值分隔

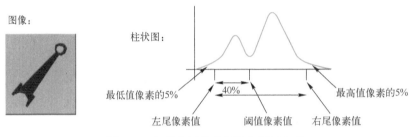

图 7-8　灰度分割的阈值设定不同方式

固定阈值：斑点像素和背景像素分别根据灰度值来确定。

相对阈值：通过设定左尾部和右尾部间的像素百分比值计算灰度阈值。尾度代表柱状图两端的噪声级像素。

动态阈值：软件通过左尾部和右尾部间的像素分布自动计算灰度阈值。

固定阈值处理速度更快，相对阈值适应能力更强（不受图像亮度线性变化影响）。固定阈值可以用于判断特征有无，而相对阈值不能。而对于动态阈值，系统自动计算分割阈值，适用于特征与背景灰度分布差异明显（双峰）的场合。

映射：为不能使用硬性或者软性二进制阈值进行分割的图像使用一个像素映射（查找表），为每个灰度提供一个输出值。

减影图像：当图像包含类似的背景和斑点灰度时，使用一个减法图像，阈值图像只包含背景信息。图像中的每个像素与阈值图像中的相应像素的差值，即斑点像素。

大多项目任务都可使用硬性阈值，将斑点像素从背景像素中分开。

为了细化区域，去除噪声，可以进行形态学处理和连通性分析。在将图像分区之后，对斑点执行连通性分析，如图 7-9 所示。

连通性分析的模式有整个图像、灰度、已标记等模式。

● 整个图像：所有离散的连通区域作为单一 Blob 输出。

● 灰度：所有离散的连通区域分别作为 Blob 输出。

● 已标记（不常用）：关注分割组别、非特征与背景的

图 7-9　连通性分析设置

区分。

小于"最小面积"的连通区域受"清除"选项影响。"清除"选项如下。

● 修剪：忽略但是不删除低于规定尺寸的特征。

● 填充：使用灰度值从左边相邻的像素开始填充修剪后的特征。

以上两种清除模式的差别如图 7-10 所示，中间的图像采用修正清除模式，周围 8 个孔仍然存在，但不会被报告。采用填充清除模式，周围 8 个小孔被填充了。

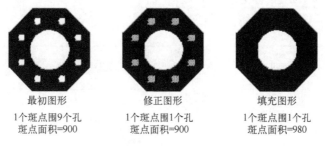

图 7-10　修剪与填充两种清除模式的差别

对图像进行图 7-11 所示的分段和连通性设置。

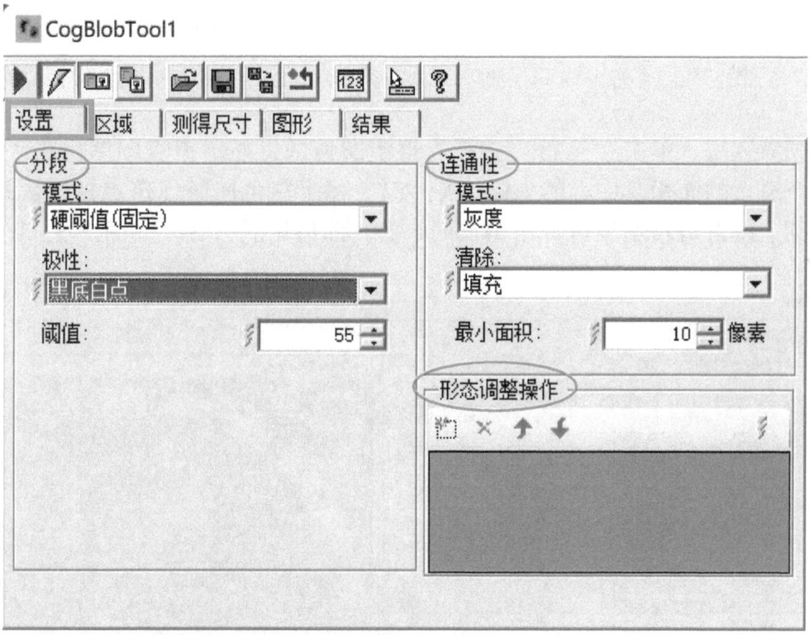

图 7-11　分段和连通性设置示意

图像进行分割、蒙版并进行形态学运算和连接性分析后，即可获取斑点分析的结果。斑点分析的结果以斑点场景描述的形式返回。斑点场景描述是一个数据对象，可用于访问有关场景中所有要素的所有信息，包括要素数量（斑点和孔），要素之间的拓扑关系以及每个要素的几何和非几何属性。斑点属性包括面积、周长、质心等几何特征性质，包括斑点中位数、坐标轴周围惯量的第二个力矩、坐标延伸、任意的限制框等非几何性质，以及区域之间的父-子关系等拓扑性质。

针对任何属性，使用筛选来排除一定范围之外的斑点，或者只包括在一定范围之内的斑点。结果可以按顺序（升序或者降序）整理，以便进行选择。如图 7-12 所示，进行斑点面积过滤，只留下在 120~700 之间的斑点。

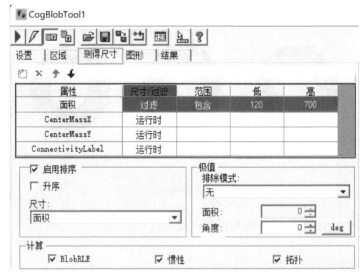

图 7-12　CogBlobTool "测得尺寸" 选项卡中的筛选及排序设置界面

设置相关参数后，单击 "运行" 按钮，得出图像区，显示斑点图像，在 "结果" 选项卡中显示每个斑点的面积、中心的坐标（X，Y）。每个白色连通（斑点）区域即可表示为 1 个齿轮的齿廓。Blob 分析结果统计出斑点的个数，即齿轮的齿数，如图 7-13 所示。

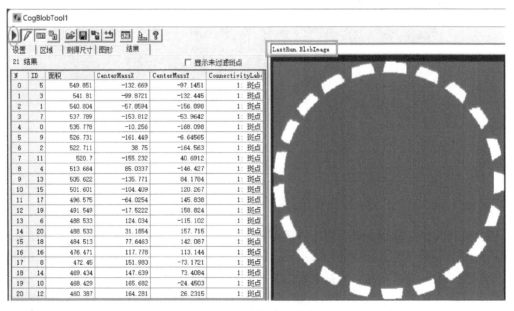

图 7-13　齿轮个数统计

将找到斑点的个数 Results. GetBlobs( ). Count 链接到整个 ToolBlock 的输出终端 "Outputs",并命名为 "Gear_Count"。

7) 结果分析。添加 CogResultsAnalysisTool,如图 7-14 所示。在 CogResultsAnalysisTool 中添加一个输入,把 CogBlobTool 运行后齿轮的齿数输入 CogResultsAnalysisTool 端。如果齿数等于 21(标准齿数),则认为齿轮齿数是正常的,Gear_OK 值是 True,否则是 False。

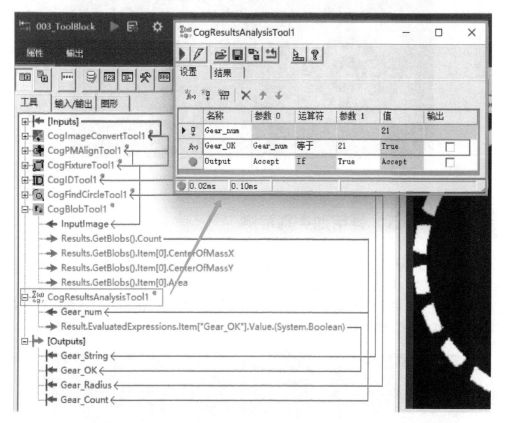

图 7-14　CogResultsAnalysisTool 设置界面

选择左侧工具树中的 "CogResultsAnalysisTool1",右击,选择 "添加终端" 命令,在 "成员浏览" → "所有(未过滤)" 选项下,依次选择 "CogResultsAnalysisTool1 → Result ⟨CogResultsAnalysisTool⟩ → EvaluatedExpressions ⟨CogResultsAnalysisEvaluationInfoCollection⟩ → Item["Gear-ok"] ⟨CogResultsAnalysisEvaluationInfo⟩ → Value ⟨object⟩ → Boolean",即将 "Result. EvaluatedExpressions. Item["Gear-OK"]. Value. (System. Boolean)" 添加到 "CogResultsAnalysisTool1" 的输出端,并将输出链接到整个工具 ToolBlock 的终端输出,命名为 "Gear_OK"。

(3) 结果图像　使用结果图像工具,创建一个 Record,将处理后的结果图像显示出来。

3. HMI 界面设计

打开 "运行界面设计器",进行 HMI 界面设计。如图 7-15 所示,显示结果图像、结果数据,显示齿轮二维码识别的字符,显示测量的内圆半径尺寸、斑点分析出的齿轮数,并且对齿轮数量进行分析,从而把良品/非良品判断的结果显示出来。

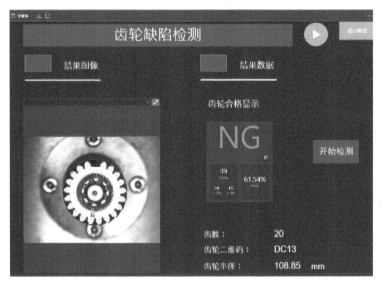

图 7-15 齿轮缺陷检测的 HMI 界面示意

7.3 项目任务二：锂电池类别检测

锂电池常用于各种电子产品中，不同产品的电池样式也不一样。如图 7-16 所示，有三种类型（简称 A 类、B 类、C 类）的电池。每类电池根据电气性能测试，在其右上的小圆圈上涂上相应颜色，红色表示性能测试不达标，绿色表示性能测试达标，无色表示没有进行过测试。要求能够分辨电池种类，对是否进行过测试以及测试是否达标等进行判断。

 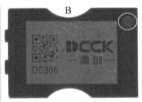 

图 7-16 锂电池类别

任务要求：
1）对视野范围内的电池块进行定位，能够在视野下准确找到锂电池块。
2）对锂电池进行检测分类，分辨出三类电池。
3）对锂电池上小圆圈区域涂抹的颜色进行识别，是红色、绿色或无色。
4）识别锂电池块的二维码信息。
5）识别锂电池块上的文字信息。
6）将锂电池的类别、小圆圈上涂抹的颜色、二维码信息、文字信息等显示到界面上。

7.3.1 任务分析

针对提出的任务要求，分析需要完成的操作，主要操作内容如下。

1）灰度转换。有些工具只能处理灰度图像，使用 CogImageConvertTool 对图像进行灰度转换。

2）特征定位。对视野范围内的电池块进行定位，能够在视野下准确地找到锂电池块。使用 ToolBlock 中的工具 CogPMAlignTool。

3）建立特征坐标系。提取锂电池块的特征坐标系，使用 CogFixtureTool。

4）类别检测。对锂电池类别进行检测判断，使用直方图工具 CogHistogramTool。

5）颜色提取。提取锂电池小圆圈块的颜色，使用 CogColorMatchTool。

6）二维码识别。对锂电池块的二维码信息进行识别，使用 CogIDTool。

7）字符识别。对锂电池块的文字信息进行识别，使用 CogOCRMaxTool。

8）人机交互界面设计。

7.3.2　任务实施

1. 硬件配置

添加相机和光源，调整相机的工作距离、光圈，对焦，调整光源亮度，保证能够采集到清晰的图像。

2. 程序流程设计

（1）触发程序和取像　添加内部触发信号源和取像工具，对取像工具进行配置。取像图片类型设置为"ICogImage"，根据需要设置取像方式，可以为"相加取像""文件夹取像""单个图像文件"或者"IDB/ICB"文件。

（2）视觉任务处理　添加一个 ToolBlock 工具，配置输入项为取像的图像。

1）灰度转换。将锂电池块放置在相机下方视野范围内，在 ToolBlock 工具箱中，使用 CogImageConvertTool 将采集到的图像转变为灰度图像。

2）特征提取。使用 CogPMAlignTool 调整相关参数，进行模板匹配。观察图像后，提取图像尽量多的同样特征，把图片中不同的特征过滤掉，如图 7-17 所示。

3）建立特征坐标系。使用 CogFixtureTool，建立特征坐标系。

4）二维码识别。添加 CogIDTool，识别图像中的"QR 代码"信息。图像来源为经过灰度转换后的图像，识别区域选择可涵盖条码信息的大小区域即可，空间选择@\Fixture 经过特征提取后的定位坐标空间。将工具输出的字符串 Results. Item [0] . DecodedData. DecodedString 链接到整个工具的输出终端，并命名为"IDString"。

图 7-17　特征提取

5）字符识别。添加 CogOCRMaxTool，识别锂电池上的文字信息。图像来源为经过灰度转换的图像。识别区域选取为包含文字信息的区域，选择空间为@\Fixture，提取特征后的坐标空间。将此工具的识别文字输出 Result. ResultOfBestMatch. Color. Name 链接到 ToolBlock 的输出终端"Outputs"，并命名为"OCRString"。

6）颜色特征提取。添加 CogColorMatchTool，图像来源为锂电池的源彩色图像。如图 7-18 所示，在"区域"选项卡中选择"@\Fixture"特征坐标系中的圆形区域，包含在目标颜色区域内。

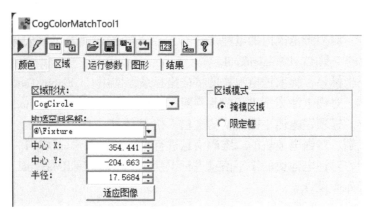

图 7-18   设置提取颜色的目标区域

CogColorMatchTool 将彩色图像中某一区域的颜色和事先提取图像表中的每一个颜色对比，得到一组得分，得分表示和此种颜色匹配的程度，得分越高说明颜色越接近，运行此工具的时候，将返回得分最高的颜色。

CogColorMatchTool 采用单一颜色进行匹配，在获取一定区域内的颜色之后，会把提取区域内的颜色求平均值，然后用这个平均值进行匹配。如果提取的区域内的颜色具有单一或接近统一的颜色时，匹配的效果会稳定。

CogColorMatchTool 使用的步骤一般为：选择颜色提取区域的形状，设置 ROI；提取参考颜色；运行工具并查看运行结果。

逐一添加包含在目标区域中的某点或某一小区域的颜色，在"颜色"选项卡中设置训练颜色，颜色名称由用户定义。把所有需要识别的颜色都添加到颜色集中，如图 7-19 所示。

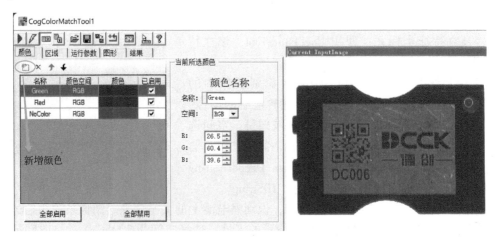

图 7-19   为颜色提取工具设置训练颜色

R、G、B 三个数值就是三原色的灰度值。当有多组颜色的时候，可以选择启用其中的一组或者多组。

单击"运行"按钮，在"结果"选项卡中，将目标区域提取颜色和训练颜色集中的颜色匹配，按照得分高低顺序，显示一组颜色匹配的得分，得分越高的颜色就是最佳匹配颜色，如图 7-20 所示。

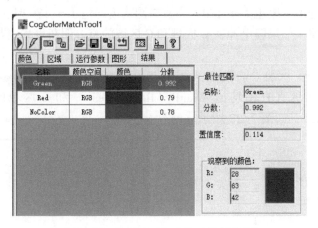

图 7-20　CogColorMatchTool 运行界面

将此工具的输出 Result. ResultOfBestMatch. Color. Name 链接到 ToolBlock 的输出终端"Outputs"，并命名为"Color_Name"。

7）测量锂电池的长和宽。采用 CogCaliperTool 分别测量锂电池的长和宽的值，将测量结果 Results. Item[0]. Width 链接到输出终端"Outputs"，并分别命名为"Length""Width"。

 注意：

在测量前，需要添加 CogCalibCheckerboardTool 进行标定。

8）锂电池类别检测。

① 直方图统计。添加 CogHistogramTool，进行锂电池形状分类检测。图像来源为经过灰度转换后的图像，空间选择"@\Fixture"，经过特征提取后的定位坐标空间。添加一个 CogHistogramTool 工具，命名为"CogHistogramTool-LeftRight"，目标区域为锂电池左端或者右端有缺口的区域，如图 7-21 中的区域 B，当此目标区域有缺口和无缺口时，其区域的灰度直方图均值是有很大差异的。通过此区域的直方图灰度统计分析，来检测判断锂电池左右端形状。添加另一个 CogHistogramTool，命名为"CogHistogramTool-End"，目标区域为锂电池末端有缺口的区域，如图 7-21 中的区域 C，通过此区域的直方图灰度统计分析，来检测判断锂电池末端形状。

图 7-21　CogHistogramTool 选取的目标区域

经过多张采集图片的直方图统计分析，发现：B 类（锂电池左右端目标区域有缺口）锂电池在区域 B 的直方图灰度均值一般都大于 180；当直方图灰度均值小于 180 时，表示目标区域没有缺口，不是 B 类电池。同样，C 类（锂电池尾部目标区域有缺口）锂电池在区域 C 的直方图灰度均值一般也大于 180。当直方图灰度均值小于 180 时，表示目标区域没有缺口，不是 C 类电池。如果锂电池在 B 区域和 C 区域的直方图灰度均值都不大于 180，则是 A 类锂电池。

② 数据结果分析。添加 CogResultsAnalysisTool。为 CogResultsAnalysisTool 分别添加两个输入，即 B 区域的灰度直方图均值 MeanB（Result. Mean）和 C 区域的灰度直方图均值 MeanC（Result. Mean），如图 7-22 所示。

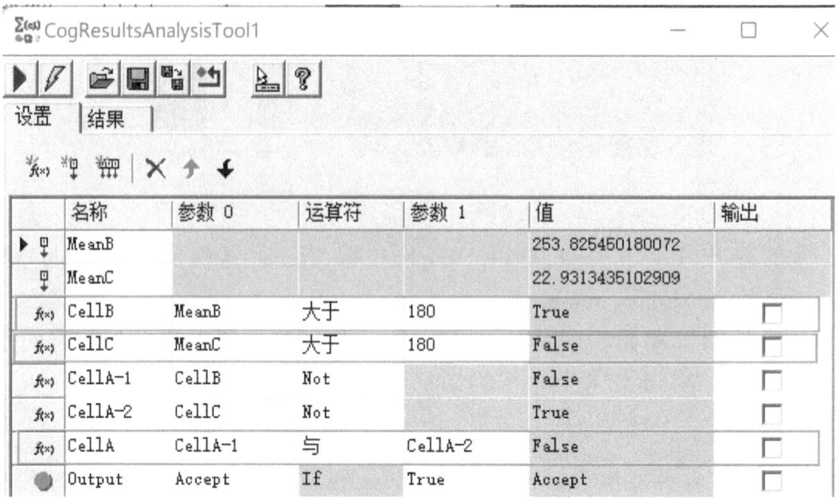

图 7-22　CogResultsAnalysisTool 分析界面

B 类（目标区域有缺口）锂电池在区域 B 的直方图灰度均值（MeanB）一般都大于 180，即输出的 CellB 值为 True；否则，CellB 值为 False。同样，C 类锂电池在区域 C 的直方图灰度均值（MeanC）一般也大于 180，即输出的 CellC 值为 True；否则，CellC 值为 False。如果锂电池在 B 区域和 C 区域的直方图灰度均值都不大于 180，则是 A 类锂电池，即输出的 CellA 值为 True。

③ 分析结果输出。将数据结果分析的结果布尔值 CellA、CellB、CellC 进行输出。右击 CogResultsAnalysisTool，在"成员浏览"→"所有成员（未过滤）"选项下，分别添加三个输出，即 "Result. EvalutedExpressions. Item［"CellA"］（或者［"CellB"］或者［"CellC"］）. Value. (System. Boolean)"。将其链接到 ToolBlock 的输出终端 "Outputs"，并分别命名为 "CellA" "CellB" "CellC"。

（3）字符串拼接　在 ToolBlock 工具后连接"数据"工具组中的"字符串操作"工具，将之前的 ToolBlock 的输出终端 "CellA" "CellB" "CellC" 用"数据"工具组中的"字符串操作"工具拼接成一个字符串 "@ Combine1" 并输出，其中采用 "bool 转 byte" 方式，即 True→1，False→0。通过这个方式，系统变量@ Combine1 输出分别为 100、010、001 时，分别对应型号为 A、B、C 的三类锂电池，如图 7-23 所示。

（4）添加系统变量　回到 V+程序流程图，在 V+程序的系统菜单"变量"中添加系统变量 Type_Cell，变量类型为 String 类型。对采集到的锂电池图像进行分析，然后往系统变量 Type_Cell 中写入相对应的锂电池类型。

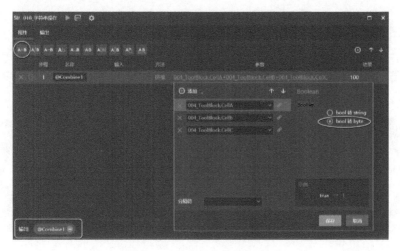

图 7-23　字符串拼接界面

（5）进行分支判断　在"流程"工具组中，添加"分支"工具。在"分支"工具中，添加 3 个分支。即当 @ Combine1 分别为 100、010、001 三个值时，对系统变量 Type_Cell 对应写入 A、B、C 三个值。然后用"流程"工具组中的"分支选择"工具归拢分支流程。

7-1　V+功能介绍 – 分支选择

（6）添加结果图像　在 Cognex 工具组中，添加"Cog 结果图像"，链接输入图像。整个方案设计流程如图 7-24 所示。

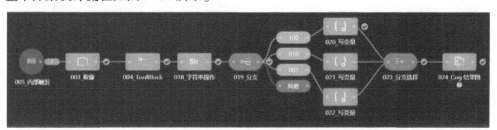

图 7-24　整个方案设计流程

3. HMI 界面设计

打开"运行界面设计器"，进行 HMI 界面设计。可参照图 7-25。

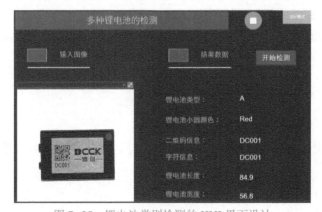

图 7-25　锂电池类别检测的 HMI 界面设计

7.4 项目任务三：零件边缘缺陷检测

在生产线上有图 7-26 所示的零件，要求对其进行边缘检测，最左边的为正常零件，其他的为有缺陷的零件。要求能够分辨零件缺陷，并对其进行显示。

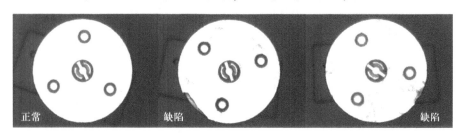

图 7-26　零件边缘缺陷检测图像

任务要求：

1）对视野范围内的零件进行定位，能够在视野下准确找到零件。

2）对零件进行检测，分辨出边缘缺陷。

3）对零件外圈大圆的半径进行测量。

4）对零件中心小圆的半径进行测量。

5）将相关信息显示到界面上。

7.4.1　任务分析

针对提出的任务要求，分析需要完成的操作，主要操作内容如下。

1）灰度转换。有些工具只能处理灰度图像，使用 CogImageConvertTool 对图像进行灰度转换。

2）特征定位。对视野范围内的零件进行定位，能够在视野下准确地找到锂零件。使用 ToolBlock 中的工具 CogPMAlignTool。

3）模板匹配，建立训练好的模板。使用 CogPatInspectTool 检测缺陷。

4）建立标定后的校正空间。测量前，使用 CogCalibCheckerboardTool 进行标定，形成标定后的校正空间。

5）建立特征坐标系，使用 CogFixtureTool。

6）测量外圈大圆和中心小圆的半径。使用测量工具 CogFindCircleTool。

7）人机交互界面设计。

7.4.2　任务实施

1. 硬件配置

添加相机和光源，调整相机的工作距离、光圈，对焦，调整光源亮度，保证能够采集到清晰的图像。

2. 程序流程设计

（1）触发程序和取像　添加内部触发信号源和取像工具，对取像工具进行配置。取像图片类型设置为"ICogImage",根据需要设置取像方式,可以为"相加取像""文件夹取像""单个图像文件"或者"IDB/ICB"文件。

(2)视觉任务处理 添加一个 ToolBlock 工具,配置输入项为取像的图像。

1)灰度转换。将零件放置在相机下方视野范围内,在 ToolBlock 工具箱中,使用 Cog-ImageConvertTool 将采集到的图像转变为灰度图像。

2)特征提取。使用 CogPMAlignTool 调整相关参数,进行模板匹配。观察图像后,提取图像中心圆区域,如图 7-27 所示。

输出训练图像的图像和原点,如图 7-28 所示。

右击"CogPMAlignTool",选择"添加终端"命令,在"成员浏览"→"所有(未过滤)"选项下,依次选择"Pattern〈CogPMAlignPattern〉→Origin〈CogTransformZDLinear〉→TrainImage〈ICogImage〉",单击"添加输出"按钮进行输出。

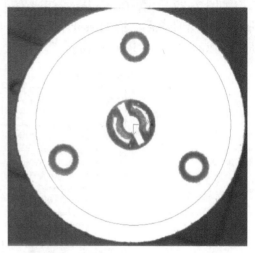

图 7-27 特征提取

图 7-28 输出训练图像的图像和原点

3）进行模板匹配。使用 CogPatInspectTool，进行模板匹配。

如图 7-29 所示，CogPatInspectTool 有 4 个输入，分别链接到灰度转化的图像、CogPMA-lignTool 输出的特征姿态"Results. Item[0]. GetPose( )"、训练图像"Pattern. TrainImage"和训练图像的中心点"Pattern. Origin"。

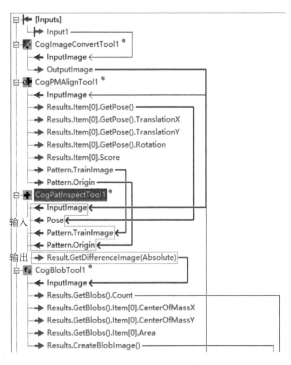

图 7-29 CogPatInspectTool 的输入和输出

CogPatInspectTool 的操作步骤如图 7-30 所示。

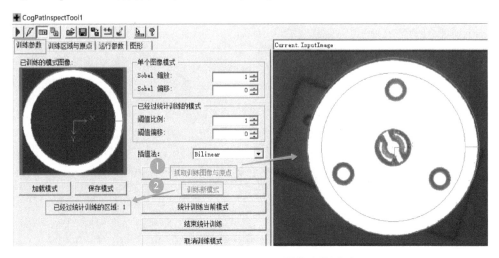

图 7-30 CogPatInspectTool 操作步骤图示

首先单击"抓取训练图像与原点"按钮，选择边缘内圆环区域，此区域为缺陷所在区域。

　　然后单击"训练新模式"按钮，将模板图像进行训练。对于多种训练图像，需要单击"统计训练当前模式"按钮，多张模板图像都训练后，单击"结束统计训练"按钮。

　　CogPatInspectTool 将模板匹配后输出的差异图像输出给 CogBlobTool 进行进一步的分析。

　　4）斑点分析。采用 CogBlobTool，对模板匹配的差异图像进行斑点分析，使得差异图像能更好地显现。将斑点分析的数量和图像链接到输出终端"Outputs"进行输出，分别命名为"defect_Count""BlobImage"。

　　5）测量外圆和中心内小圆的半径。测量之前，需要进行标定。标定后输出空间传递给 CogPMAlignTool。再采用 CogFixtureTool 建立校正空间的特征坐标系，输出"@\Checkerboard Calibration\Fixture"，给后续测量工具使用。

　　使用 CogFindCircle 测量外圆和中心内圆，并将测量的半径链接到终端输出"Outputs"进行输出，并命名为"BigCircle_Radius""SmallCircle_Radius"。

　　6）统计零件中间圆孔的个数。采用 CogBlobTool 进行斑点分析，统计零件中间的圆孔个数。将斑点分析的个数链接到输出终端"Outputs"进行输出，命名为"Circles_Count"。

　　视觉工具任务流程如图 7-31 所示。

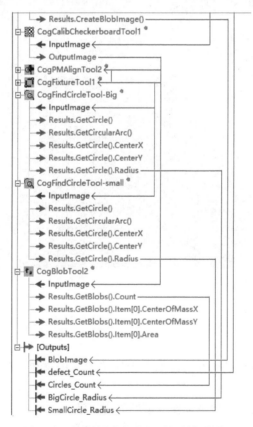

图 7-31　测量圆半径的视觉工具任务流程

　　（3）进行数据分析　在 V+程序流程中，在视觉工具之后，在"数据"组单击"逻辑运算"控件，对视觉工具的输出值进行判断。对零件是否为良品进行判断，即如果 defect_Count<1，则输出 True（良品），否则输出 False（非良品）。

（4）添加结果图像　在 Cognex 工具组中，添加"Cog 结果图像"，链接到 CogPatIn-spectTool 输出差异图像。整个方案设计流程如图 7-32 所示。

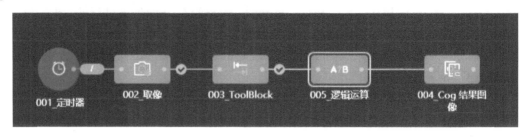

图 7-32　整个方案设计流程

3. HMI 界面设计

打开"运行界面设计器"，进行 HMI 界面设计。可参照图 7-33。

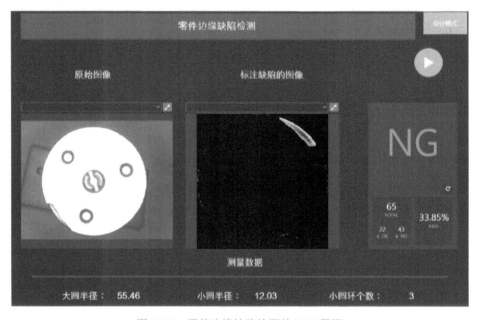

图 7-33　零件边缘缺陷检测的 HMI 界面

思考与练习

1. 图像的特征提取是基于机器视觉的表面缺陷检测的重要一环，目前常用的图像特征提取有哪些？

2. 视觉软件对于表面缺陷检测主要有哪些处理算法？

3. 请简述 VisionPro 软件的 CogBlobTool 运行的主要流程。

4. 如图 7-34 所示，请用视觉软件中的 CogSearchMaxTool 检测药物胶囊正常、漏放、错放等情况，并用 HMI 界面显示检测结果。

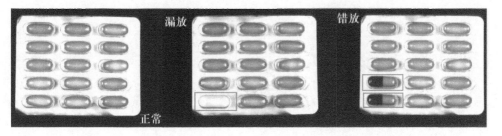

图 7-34 药物胶囊正常、漏放、错放图像

第8章 机器视觉引导

机器视觉引导的主要目标是让机器能够像人类一样通过视觉感知和环境理解，根据所获取的信息做出相应反应。通过利用数字图像处理和分析技术，机器视觉引导可以实现物体检测与定位、目标跟踪与追踪、姿态估计与测量、环境感知与导航等功能。

机器视觉引导在工业生产线上的应用主要涉及物体检测与定位功能。在生产过程中，零件可能以未知的方向呈现，这要求机器视觉系统能够快速准确地找到被测零件并确认其位置，引导机械手准确抓取。机器视觉引导定位就是使用机器视觉系统报告零件的正确位置和方向，引导机械手等执行机构进行准确拾取，实现工具自动定位和装配。

机器视觉引导定位在大部分场景中比人工定位有着高得多的速度和精度，例如，在货板上排列零件，查找并对准包装传送带上的零件以与其他组件装配，将零件放到货架上，或从箱子中取出零件等，因而在工业上得到了广泛的应用。

8.1 机器视觉引导定位

机器视觉引导定位在工业领域中广泛应用，对于工作在自动化生产线上的机器人（机械手）来说，完成最多的一类操作是"抓取-放置"动作。

8.1.1 视觉引导定位的形式

机器视觉引导定位抓取是一种利用机器视觉技术来辅助机器人或自动化系统准确抓取物体的过程。根据相机安装方式不同，机器人（机械手）定位引导可大致分为两种模式。

1. 固定相机模式（eye-to-hand）

该模式指相机安装在设备机架上，不随机器人（机械手）的运动而运动。相机对传送过来的来料进行拍摄和粗定位，将定位信息传输给机器人（机械手），以便机器人（机械手）根据定位信息抓取来料，确保抓取的稳定性。

相机的视野范围包括机器人（机械手）和工作区域。在这种模式下，机器人（机械手）是移动的，而相机保持固定不动。通过使用固定相机模式，相机可以提供对整个工作区域的全局视野，用于感知和定位机器人（机械手）以及目标物体的位置和姿态。相机采集到的图像数据可以通过机器视觉算法进行处理和分析，以实现目标物体的定位、路径规划和运动控制等操作。这种模式常用于需要对大型工作区域进行定位引导的场景，如物料搬运、装配和包装等。

2. 移动相机模式（eye-in-hand）

该模式也称为固定物体模式，即相机安装于机器人（机械手）顶端随机器人（机械手）一同运动。相机被安装在机器人（机械手）的末端，相机的视野范围主要集中在机器人

（机械手）的工作区域内。在这种模式下，机器人（机械手）是移动的，相机随着机器人（机械手）的运动而变换位置和姿态。相机的安装位置接近于目标物体，使得相机能够提供更加细节和精确的图像信息，用于实时感知和定位目标物体。机器人（机械手）的运动可以根据相机采集的图像数据进行调整和控制，以实现精确的定位和抓取操作。这种模式常用于需要进行精细操作和高精度定位的场景，如装配、精密加工和微操作等。

固定相机模式和移动相机模式在功能上都可实现定位抓取与引导放置。两者在保证功能的同时，能够提供更多的安装可能性以应对不同的环境与硬件条件限制。针对不同的设备安装场景，为提升硬件安装的适应性，固定相机模式与移动相机模式也可结合使用。

8.1.2 视觉引导定位的主要实训项目

德创智控科技（苏州）有限公司和高校共同定制开发的机器视觉实训平台，主要包括四轴控制运动模组、上料单元、装配单元、流水线搬运单元等。硬件配有 3 台 500 万像素的彩色相机、3 个 16 mm 定焦镜头、2 台光源控制器，分别控制 8 个光源，分别为左侧条光、右侧条光、上料单元面光、装配单元面光、输送带旁条光、移动相机环光、输送带上方固定相机环光、装配单元上方固定相机环光。

机器视觉实训平台以锂电池为产品载体，根据桌面流水搬运线是否参与，上料单元上引导抓取，以及装配单元上装配方式的不同来区分，实训平台可模拟工业现场中的 8 种引导定位应用场景，见表 8-1。

表 8-1　工业场景的区分方式

相 机 类 型	抓 取	传 送	放 置	
	上料单元	流水线搬运单元	装配单元	
固定相机	引导抓取	引导抓取	引导装配	无引导
移动相机	引导抓取	无	引导装配	无引导

这些场景真实模拟了锂电池的部分加工生产流程，囊括了锂电池生产中的引导定位的场景，包括静态抓取、分拣、引导组装等流程，以及视觉测量、检测、识别等常规应用类型，可以实现实际生产设备的上料到最终包装码垛整个流水线过程中的视觉应用。

可以将一台工业彩色相机安装在吸嘴上端，作为移动相机；或者将相机安装在上料单元上端，作为固定相机。另外两台工业彩色相机可以分别安装在输送带流水线上端、装配单元上端，作为固定端相机。三台相机的安装方式可以根据实训场景不同进行调整。工业现场中的 8 种引导定位应用场景如下。

1. 固定抓

在上料单元上，由固定相机拍照，引导机械手抓取。在装配单元上，无相机拍照引导，机械手按既定位置自主装配。

2. 移动抓

在上料单元上，由机械手上的移动相机拍照，引导机械手抓取。在装配单元上，无相机拍照引导，机械手按既定位置自主装配。

3. 固定抓+固定装

在上料单元上，由固定相机拍照，引导机械手抓取。在装配单元上，固定相机拍照，引导机械手装配。

4. 固定抓+移动装

在上料单元上，由固定相机拍照，引导机械手抓取。在装配单元上，机械手上的移动相机拍照，引导机械手装配。

5. 移动抓+固定装

在上料单元上，由机械手上的移动相机拍照，引导机械手抓取。在装配单元上，固定相机拍照，引导机械手装配。

6. 固定抓+输送带抓+移动装

在上料单元上，由固定相机拍照，引导机械手抓取。工件被放置在输送带输送线上，被输送到流水线上某固定位置时，输送带上的固定相机拍照，引导机械手抓取。在装配单元上，机械手上的移动相机拍照，引导机械手装配。

7. 移动抓+输送带抓+固定装

在上料单元上，由机械手上的移动相机拍照，引导机械手抓取。工件被放置在输送带输送线上，被输送到流水线上某固定位置时，输送带上的固定相机拍照，引导机械手抓取。在装配单元上，固定相机拍照，引导机械手装配。

8. 移动抓+移动装

在上料单元上，由机械手上的移动相机拍照，引导机械手抓取。在装配单元上，机械手上的移动相机拍照，引导机械手装配。

8.1.3 视觉引导定位的主要视觉工具

在机器视觉引导定位中，其中最关键的一项研究内容是相机标定。相机标定是指确定相机内部参数和外部参数的过程，以准确地将图像中的像素坐标与真实世界中的物理坐标相对应。相机标定的目的是获得相机的几何和光学参数，使得通过相机采集到的图像能够准确地反映场景中物体的尺寸、形状和位置。

1. 相机标定步骤

对于相机引导机械手抓取产品，其一般标定步骤如下。

1）用棋盘格标定板给相机做非线性标定。

2）N 点标定。通常做 9 点标定。标定片不动，机械手带动相机移动 9 个位置拍照，提取 9 点位置；或者机械手吸取标定片移动放置到 9 个位置，相机在固定拍照位拍照，但需要保证取放过程中标定片姿态不变动。

3）标定旋转中心。通常做 2 点旋转。机械手吸取标定片时，通过 2 点旋转，即已知圆弧上 2 点坐标和 2 点到圆心的夹角，可求出圆心坐标。结合机器人的旋转中心，可计算工件实际发生的偏移量和旋转，把补偿量发送给机器人（机械手）。

2. 手眼标定流程

在大部分引导类项目中，手眼标定是不可或缺的一个环节。通常来讲，一次手眼标定流程包括以下环节。

1）软件用户与运动机构工程师约定动作与指令流程。

2）软件层面，完成对待标定相机、标定模式、特征类型等参数的配置。

3）运动机构（吸嘴/夹爪）带动标定特征（标定板/实物），按约定流程进行运动（位移、旋转），并发送指令给软件。

工业上，标定主要采用 N 点标定法，如 9+2 标定，即 9 点平移+2 点旋转（标定旋转中心）。如图 8-1 所示，主要流程为控制机械手，使标定片的标志点在相机视野内走 9 个点位，按照"蛇形"曲线走 9 点。走完 9 点平移后，回到中心点。然后，再吸取标定片并旋转 30°。至此，完成 2 点旋转。每走完一个点，记录下此时机械手的坐标和图像像素坐标。

在 9+2 标定中，标定旋转中心的目的是准确确定物体或系统的旋转中心位置。旋转中心是指物体或系统在进行旋转时的轴心或旋转中心点。

图 8-1　N 点标定法的运动流程

为什么需要标定旋转中心呢？这是因为在实际的应用中，物体或系统的旋转中心可能并不完全与其几何中心重合。在进行旋转时，如果旋转中心位置不准确，会导致旋转变换的偏差，从而影响坐标系的准确度和测量结果的精度。

通过选择并标定旋转中心，可以精确确定旋转中心的位置，并将其考虑在内，从而提高标定的准确性和可靠性。这样，在进行坐标转换或测量时，可以更准确地描述和计算物体或系统的旋转变换关系，确保得到准确的结果。

标定旋转中心的过程通常涉及选择已知位置的两个点，这两个点分别位于被标定物体或系统的旋转轴上。通过测量这两个点在参考坐标系中的坐标值，并结合其他标定点的信息，可以计算出旋转矩阵，确定旋转中心的位置。

4）每次运动到约定点位，相机同步进行取像，并借助视觉算法对当前位置图像进行特征抓取，获取特征点图像坐标。

5）软件结合每次运动接收到的指令（机构物理坐标）与计算得到的图像坐标，通过矩阵计算，最终取得由图像到现实的坐标空间映射关系，即完成对当前机位的标定。

手眼标定可分为手动模式与自动模式。通常在项目前期的调试阶段，当硬件设备或通信不满足自动标定的条件时，用户可使用手动模式开展标定。手动标定流程如图 8-2 所示。

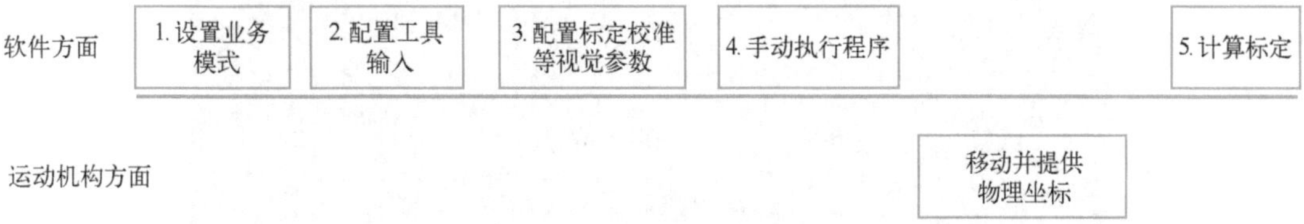

软件方面	1.设置业务模式	2.配置工具输入	3.配置标定校准等视觉参数	4.手动执行程序		5.计算标定
运动机构方面				移动并提供物理坐标		

图 8-2　手动标定流程

视觉软件方面的主要工作包括设置业务模式、配置工具输入、配置标定校准等视觉参数、手动执行程序，然后 PLC 等运动机构方面移动到适当位置并提供物理坐标，最后视觉软件根据图像坐标和机械手的物理坐标计算标定，形成标定文件。

在外部条件满足的情况下，推荐用户直接采用自动模式。一个典型的自动标定流程可参考图 8-3。即视觉软件和 PLC 等运动结构方面约定好标定指令，根据约定，视觉软件和 PLC 运动机构自动配合，完成标定。

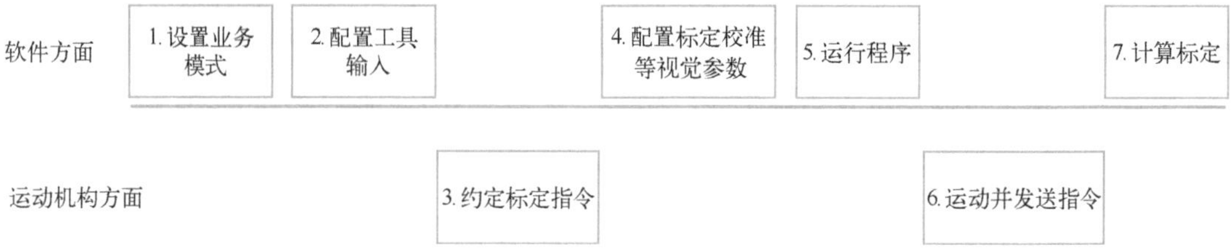

软件方面	1. 设置业务模式	2. 配置工具输入		4. 配置标定校准等视觉参数	5. 运行程序		7. 计算标定

| 运动机构方面 | | | 3. 约定标定指令 | | | 6. 运动并发送指令 | |

图 8-3 自动标定流程

3. "手眼标定" 工具

在 V+ 程序设计界面中，"引导" 工具组中有 "手眼标定" 工具，如图 8-4 所示。

"手眼标定" 工具包含 6 个配置界面：标定配置、图像、指令、校准、执行、结果。

（1）标定配置界面 标定配置界面的主要功能为配置标定指令的输入、设定标定场景类型。用户完成本界面的配置后，"手眼标定" 工具将按配置情况动态生成后续界面。"手眼标定" 工具的标定配置界面如图 8-5 所示。

"数据来源" 配置标定指令的数据源，支持链接工具外部数据或手动输入字符串。标定模式选择待标定的机位数。多相机模式仅支持棋盘格（标定板）特征，单相机模式支持实物特征和棋盘格（标定板）特征。

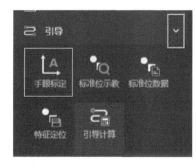

图 8-4 "手眼标定" 工具

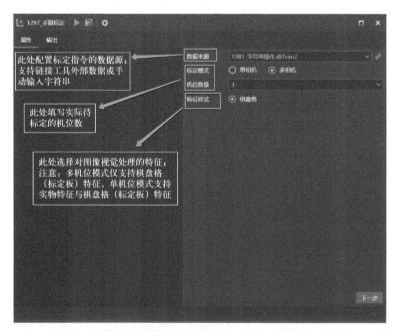

图 8-5 "手眼标定" 工具的标定配置界面

单击"下一步"按钮，进入图像界面。

（2）图像界面　图像界面的主要功能为配置输入图像，以及确定主机位相机的安装方式、标定移动步数，如图 8-6 所示。

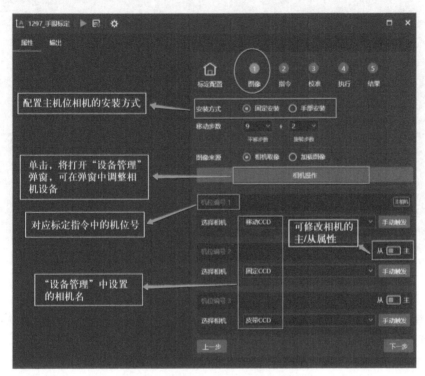

图 8-6　"手眼标定"工具的图像界面

在"安装方式"选项组中配置主机位相机的安装方式：固定安装，相机固定安装，而吸嘴/夹爪独立运动；手部安装，相机与吸嘴/夹爪安装在一起，共同运动。

在"图像来源"选项组中配置图像来源：相机取像，从已配置的相机列表中选择相机，将对应相机每次的取像结果作为输入图像；加载图像，从本地选择图像文件作为输入图像。

配置主机位的移动步数：平移步数范围为 4~25；旋转步数范围为 0，2~8，选择 0 步数时，不计算旋转中心。

单击"下一步"按钮，进入指令界面。

（3）指令界面　指令界面如图 8-7 所示，主要展示标定运行所需的指令内容。

需要说明的是，参考指令中"[　]"部分的内容，需要用户按实际情况给定。如 [N] 代表当前标定流程的序号，[C] 代表对应的机位号，[P] 代表标定运动的点位序号，而 [X][Y][R]则代表运动机构在拍照位的坐标数据；而不带"[　]"部分的内容，则属于固定指令字符。

V+软件和运动结构（PLC）经过约定，设置 PLC 和 V+的标定指令，PLC 标定控制指令格式主要为：指令头+第几个标定程序+固定指令+相机号+点位号+XYR。

1）固定指令。主要有：①SC——标定流程开始；②HBF——从相机棋盘格标定；③HBM——（主机位）棋盘格标定；④HNM——主机位多点标定（固定）；⑤HNME——主机位多点标定结束；⑥EC——标定流程结束。

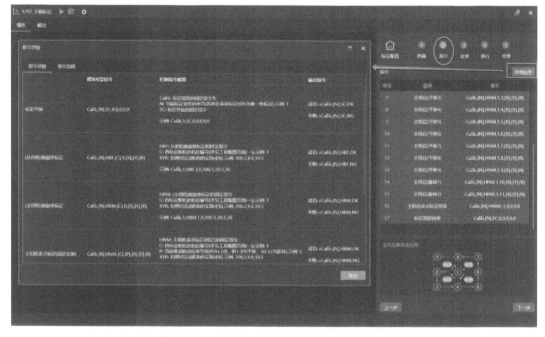

图 8-7 "手眼标定"工具的指令界面

2）示例指令。对于"移动抓+输送带抓+固定装"场景，三个相机机位联合标定的完整指令如下所示。

① 标定流程开始 　　　　　　　Calib,[N],SC,0,0,0,0,0
② 从机位 2 棋盘格标定 　　　　Calib,[N],HBF,2,0,[X],[Y],[R]
③ 从机位 3 棋盘格标定 　　　　Calib,[N],HBF,3,0,[X],[Y],[R]
④ 主机位棋盘格标定 　　　　　Calib,[N],HBM,1,0,[X],[Y],[R]
⑤ 主机位（平移 1）　　　　　Calib,[N],HNM,1,1,[X],[Y],[R]
⑥ 主机位（平移 2）　　　　　Calib,[N],HNM,1,2,[X],[Y],[R]
⑦ 主机位（平移 3）　　　　　Calib,[N],HNM,1,3,[X],[Y],[R]
⑧ 主机位（平移 4）　　　　　Calib,[N],HNM,1,4,[X],[Y],[R]
⑨ 主机位（平移 5）　　　　　Calib,[N],HNM,1,5,[X],[Y],[R]
⑩ 主机位（平移 6）　　　　　Calib,[N],HNM,1,6,[X],[Y],[R]
⑪ 主机位（平移 7）　　　　　Calib,[N],HNM,1,7,[X],[Y],[R]
⑫ 主机位（平移 8）　　　　　Calib,[N],HNM,1,8,[X],[Y],[R]
⑬ 主机位（平移 9）　　　　　Calib,[N],HNM,1,9,[X],[Y],[R]
⑭ 主机位（旋转 1）　　　　　Calib,[N],HNM,1,10,[X],[Y],[R]
⑮ 主机位（旋转 2）　　　　　Calib,[N],HNM,1,11,[X],[Y],[R]
⑯ 主机位多点标定结束 　　　　Calib,[N],HNME,1,0,0,0,0
⑰ 标定流程结束 　　　　　　　Calib,[N],EC,0,0,0,0,0

单击"下一步"按钮，进入校准界面。

（4）校准界面　校准界面不是常规界面，仅当用户在标定配置界面的"特征样式"选项组中选中"棋盘格"单选按钮，或在单相机模式选中"实物"单选按钮并启用"畸变校准"时，才出现此界面。

如图 8-8 所示，此界面主要用于配置棋盘格（标定片）特征的算法参数，包括校准模式、特征符号、基准符号及块尺寸设定。

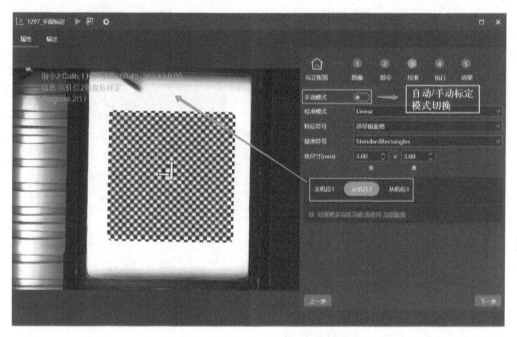

图 8-8 "手眼标定"工具的校准界面

若切换为手动模式，用户还需要填写放置标定板时运动机构的坐标，如图 8-9 所示。

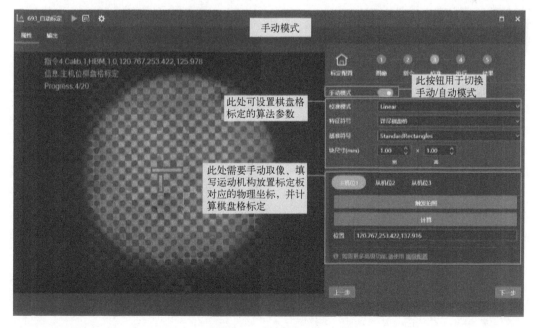

图 8-9 手动模式界面

单击"下一步"按钮,进入执行界面。

(5)执行界面　执行界面主要展示标定执行过程中的结果图像及视觉计算数据,其中视觉计算数据为运动机构在各拍照位的坐标数据与图像经视觉算法处理后得到的特征点坐标。此界面支持用户按需切换手动/自动模式,如图8-10所示。

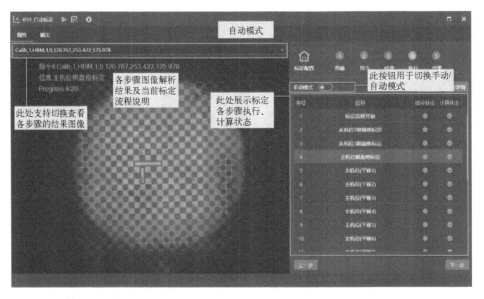

图8-10　"手眼标定"工具的执行界面

单击"下一步"按钮,进入结果界面。

(6)结果界面　结果界面主要展示标定结果的各项数据、可供用户参考的标定评价,以及主、从机位经过标定最终产生的标定文件(ToolBlock),如图8-11所示。标定文件被视觉软件放置在程序文件夹下的"\Config\Guide\Calibratoin"文件夹下。

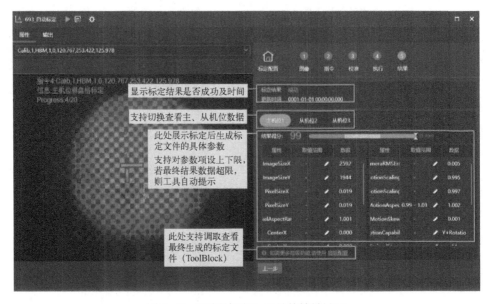

图8-11　"手眼标定"工具的结果界面

单击"高级配置",弹出如图 8-12 所示的 ToolBlock 视觉工具块,视觉工具块主要有 Cog-CalibCheckerboardTool、CogCalibNPointToNPointTool。可以打开 CogCalibNPointToNPointTool,查看 9 个平移点的校准情况,如图 8-12 所示。

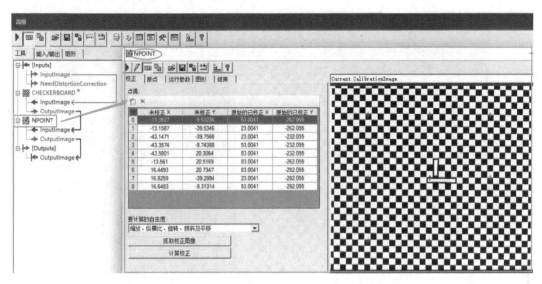

图 8-12 "手眼标定"工具的高级配置弹窗

4. "标准位示教"工具

"标准位示教"工具是一种用于识别和定位工件的 V+视觉工具。通过"标准位示教"工具,可以对工件进行视觉检测、辨识和定位。

此工具记录特征点的图像上的坐标与空间上的坐标及特征角度。机械手将工件移动到相机拍照位置,并通过相机拍摄工件的图像。在图像中,机械手会标记并记录工件上的特征点,这些特征点可能是关键的位置、轮廓或其他能够用于定位和检测的特征。

对于每个特征点,机械手会记录其在图像上的坐标位置(通常是像素坐标),以及与特征点相关的空间坐标和特征角度。空间坐标是指工件特征点在机械手坐标系或参考坐标系中的位置,而特征角度是指工件特征点的旋转角度或方向。

这个过程的目的是实现自动化装配中的定位和视觉检测。

1)定位工件:通过机械手将工件以最优抓取位置移动到相机拍照位置,可以准确控制工件的位置和姿态,为后续的视觉检测提供准确的输入。这对于确保装配的准确性和一致性非常重要。

2)视觉检测:通过相机拍摄工件图像,并记录特征点的坐标和角度信息,可以利用视觉算法对工件进行检测和分析。这可以用于检查工件的正确性、质量以及其他需要的属性,如尺寸、形状、方向等。视觉检测能够提高装配过程的自动化程度和产品质量的一致性。

标准位示教工具主要实现引导抓取、补正等场景的示教功能,即通过对示教产品进行特征定位,建立标准位置的特征模板。工具配置共分为以下 3 步。

1)输入设置:用户在此界面需要配置输入的信号数据与图像。其中信号数据配置标准位示教指令的数据源;支持链接工具外部数据或手动输入字符串。数据格式为"Train,[N],TTN,C,0,[X],[Y],[A]"("[ ]"部分内容为按实际情况需要从外部传入的数据;

"[X],[Y],[A]"分别代表把产品放置到示教位置时运动机构的坐标)。而"输入图像",具体是指把产品放置在示教位置后,相机在固定拍照位取到的图像。

2)单击"下一步"按钮,进入标定设置界面,如图 8-13 所示。

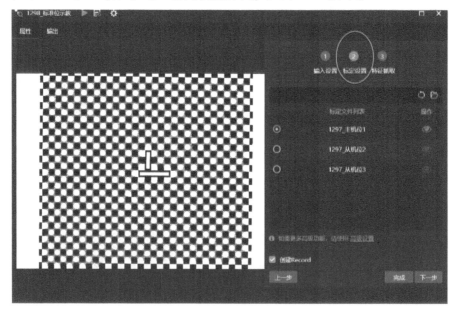

图 8-13 标定设置界面

3)单击"下一步"按钮,进入特征抓取界面。工具成功运行后,将输出示教产品在标准位置的特征点图像坐标。

8.2 项目任务一:移动抓取

对于移动相机拍照引导抓取,即场景 2,该项目任务模拟了一种自动化生产线上引导抓取和自主装配的过程。在上料单元九宫格内任意放置若干 3 种不同类型的锂电池,机械手在上料区依照规定顺序走九宫格。在每一处驻留时,移动相机拍照,经过视觉处理区分料号,引导移动模组抓取工件,在装配单元上放置好工件。然后,机械手回到上料单元的下一处九宫格位。循环往复,直至上料区所有的工件都取完放置好,程序结束。

8.2.1 任务分析

首先是添加设备、进行通信;然后通过 V+程序编写完成程序流程设计;最后进行 HMI 界面设计。根据工艺流程,移动相机在上料区走九宫格拍照,引导移动模组抓取工件,在装配单元上进行按序摆放。程序任务流程主要包括三个子流程,即标定、标准位示教(示范抓取工件的正确姿态)、移动相机引导抓取等。

8.2.2 任务实施

1. 硬件配置

(1)添加相机 该项目只配置 1 台相机:移动相机。在"设备管理"界面中选择"2D

相机"，双击"海康威视"，添加相机到左侧设备栏中，编辑相机名称，选择相机对应的 SN（IP 地址），格式选择 Mono8，曝光 5000 μs，如图 8-14 所示。

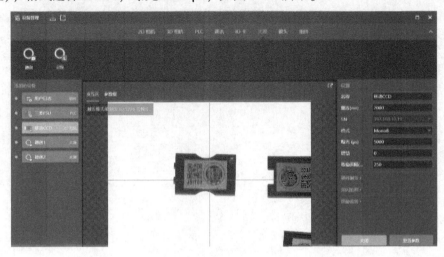

图 8-14　"设备管理"中的相机添加界面

相机名称为"移动 CCD"，SN 为 192.168.10.10；单击"打开"按钮，连接成功后，可以单击图层框右下角的"打开视频"按钮，配合光源硬件查看图像效果，通过调节光源亮度、镜头焦距等，得到合适的图像。

（2）添加光源　如图 8-15 所示，添加两个光源控制器（德创 1、德创 2），端口号分别为串口 COM1 和 COM2，波特率为 19 200 Baud，8 位数据位，1 位停止位，无校验位。德创1 控制 4 个通道光源，分别是：①左条光；②右条光；③左面光；④右面光。德创 2 控制 4个通道光源，分别是：①输送带旁条光；②移动相机环光；③固定相机环光；④输送带相机环光。亮度可设置的范围为 0~255。

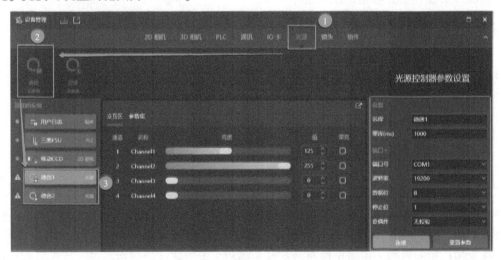

图 8-15　"设备管理"中的光源添加界面

（3）添加 PLC　在"设备管理"界面中依次选择"PLC"→"三菱"→"三菱 F5U"，添加三菱 PLC。如图 8-16 所示，PLC 端设置以下基本参数：通讯方式为 TCP，IP 地址为

192.168.1.20，端口号为 502，编码为 ASCII，数据格式为 CDAB。

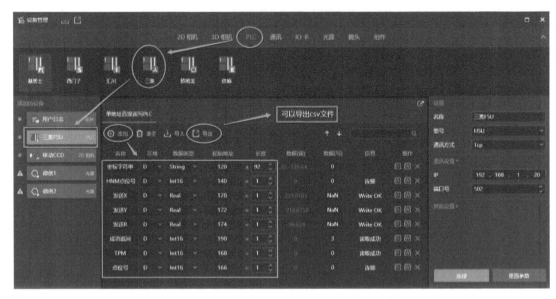

图 8-16 PLC 添加界面

所有需要用到的 PLC 和视觉软件传输交换数据的寄存器地址和读写信号均和 PLC 端约定确认，通过"添加"功能进行逐一添加。

所需用到的寄存器地址约定如下。

1）PLC 数据发送。

D120~D149：相机标定数据头+标定指令+点位号。

D150~D165：相机标定 X、Y、R 坐标信息。

D166：移动相机九宫格拍照点位号。

D168：TPM 指令代码（标定、标准位示教等）。

2）PLC 数据接收。

D170：视觉软件返回 X 轴坐标。

D172：视觉软件返回 Y 轴坐标。

D174：视觉软件返回 R 轴坐标。

D190：视觉软件返回结果。

这些寄存器地址可以导出 csv 文件，保存到硬盘上。

2. 程序流程设计

（1）标定程序流程设计　程序流程设计的第一步是进行标定。如图 8-17 所示，拆除九宫格，将标定片放置在装配单元上预定的固定初始位置（装配单元上左后边角处）。机械手吸取标定片，进行移动。将标定片放置在上料区（左侧面光源）中心区后，机械手抬起，触发移动相机拍照取像。机械手按照做 9 点平移和 2 点旋转（回到中心点，然后吸取标定片旋转 30°）的路线，依次触发移动相机进行拍照取像。

视觉软件根据取像结果进行分析和标定，形成标定文件。

图 8-17 标定开始时标定片的摆放

标定程序流程需要 PLC 和视觉软件共同完成,PLC 端作为执行中枢,发送控制指令,其程序在这里不做介绍,这里主要讲解视觉软件程序流程设计。

1)等待触发。在"信号"工具组中的"PLC 扫描"工具,扫描接收 PLC 中的 D168 地址发来的"标定"指令——1,"触发条件"设置为"变为 1"。即如果收到 PLC 发送到 D168 地址的数据为 1,就触发标定流程,如图 8-18 所示。

2)解析指令字符串。触发之后用"通讯"工具组中的"读 PLC"工具读取 PLC 中地址 D120 开始的长度为 92 的指令字符串,如图 8-19 所示。

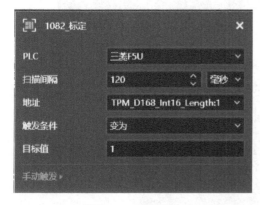

图 8-18 触发指令

图 8-19 读取 PLC 发送的指令字符串

PLC 发来的指令字符串中带有的空格和不可打印字符占据了指令实际长度,为保证后续"手眼标定"工具读取正确的指令,这里需要将其删除。

用"数据"工具组中的"字符串操作"工具将前面"读 PLC"工具接收到的字符串值去掉空格和不可打印字符,并将经过"字符串操作"上述操作后的值输出,输出变量命名为"@Trim2",如图 8-20 所示。

在"设备管理"界面中,单击"组件",创建一个"用户日志"组件。

在 V+视觉软件程序流程中,采用"系统"组中的"写日志"工具,将删除空格和不可打印字符的字符串"@Trim2"写入日志,方便后续观测。

3)打开光源。用"图像"组中的"光源设定"工具,将移动相机拍照所需光源打开,各光源设定如图 8-21 所示。

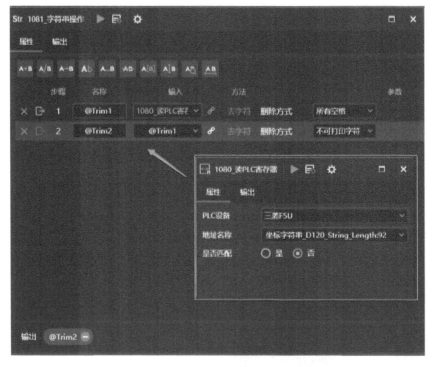

图 8-20　PLC 中地址 D120 开始的指令字符串的解析

图 8-21　光源设定

　　采用"系统"组中的"延时"工具，将光源打开延时设为 200 ms，以确保取像时有稳定的和足够强度的光源。

　　4）"手眼标定"工具。"引导"工具组中的"手眼标定"工具将手（机械手）和眼（相机）的坐标系统一起来，解决相机与机械手之间的坐标转换关系，让机械手能够精确抓取到相机定位的目标。

　　"手眼标定"工具中，首先进行标定配置。

　　在标定配置界面，数据来源即手眼标定需要的指令，即"字符串操作"工具输出的

"@Trim2"；标定模式为单相机；特征样式为棋盘格。

在图像界面，安装方式为固定安装；移动步数为 9+2；图像来源为相机取像；选择设备管理中已有的 1 个相机，其中，机位编号为 1，即移动相机，在左侧取料区拍照，此为主相机 1。

在指令界面，此界面不需要进行配置，可以直接单击"下一步"按钮。机位从中心点开始，按照 S 形走完 9 点平移后，回到中心点，再吸取标定片做 30°旋转。

在校准界面，此处需要根据采用的标定片，对主相机进行 Checkerboard 配置，即配置标定片相关参数。校准模式为 Linear；特征符号为详尽棋盘格；基准符号为 Standardrectangles（基准符号有 Standardrectangles、DotGridAxes、DataMatrix、DataMatrixWithGridPitch 等几种形式）；块尺寸为 3 mm×3 mm。

在执行界面，此处不需要进行配置，可以直接单击"下一步"按钮，也可查看实时状态。

将"手动模式"取消即切换为"自动模式"，标定运行过程中，每当完成当前步骤时，右侧会出现绿色√，并可以在左侧查看此步骤的图像效果。

如图 8-22 所示，所有的标定计算完成后，弹出一个"标定完成"提示对话框，单击"确认"按钮，即可覆盖当前的分数，生成新的标定文件。

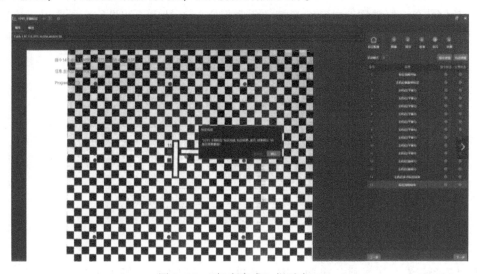

图 8-22　"标定完成"提示窗口

单击"指令详情"按钮，可以实时查看输入指令接收时间及信息，输出指令发送时间及信息。

单击"N 点详情"按钮，可以实时查看当前计算状态，及拆分和计算出的图像 X、图像 Y（计算出的视野中心图像坐标 X、Y）、物理 X、物理 Y、物理 R（轴发送的机械手坐标 X、Y、R），如图 8-23 所示。这些内容都是工具模块自动填写的，无须手动填写。图 8-23 显示了主机位的 9 点平移和 2 点旋转的图像 X、图像 Y、物理 X、物理 Y、物理 R（轴发送的机械手坐标 X、Y、R）。

在结果界面，此处不需要进行配置，可以查看标定的结果分数。显示标定后生成标定文件的具体参数，支持对参数项设上下限，若最终结果超限，则工具自动提示。标定文件被自

计算状态					
信息	图像X	图像Y	物理X	物理Y	物理R
主机位(平移1)	-9.661	-10.1162137349014	54.23	-263.80	0.00
主机位(平移2)	-9.843	19.8939092581714	24.23	-263.80	0.00
主机位(平移3)	20.141	20.1057764047399	24.23	-233.80	0.00
主机位(平移4)	20.333	-9.92116526629972	54.23	-233.80	0.00
主机位(平移5)	20.544	-39.9764752444721	84.23	-233.80	0.00
主机位(平移6)	-9.475	-40.1655337128283	84.23	-263.80	0.00
主机位(平移7)	-39.488	-40.3552344537557	84.23	-293.80	0.00
主机位(平移8)	-39.663	-10.305719975416	54.23	-293.80	0.00
主机位(平移9)	-39.834	19.6880431226865	24.23	-293.80	0.00
主机位(旋转1)	-9.675	-10.1006328832162	54.23	-263.80	0.00
主机位(旋转2)	-9.368	-11.1720785044667	54.23	-263.80	-29.50

图 8-23　手眼标定的执行情况——N 点详情

动保存在硬盘指定的文件夹下，如为程序文件夹下的 "\Config\Guide\Calibratoin\" 文件夹下的 "1295_主机位 1. vpp" 文件。

5）关闭光源。用"图像"组中的"光源设定"工具，将已经打开的各光源关闭。

6）反馈信息。视觉软件向 PLC 反馈"手眼标定"工具运行结果信息。采用"流程"工具组中的"分支"工具，建立"手眼标定"工具是否成功运行的两个分支，如图 8-24 所示。

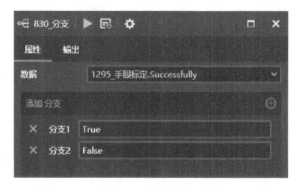

图 8-24　"流程"工具组中的"分支"工具

当"手眼标定"工具执行成功，用"通讯"工具组中的"写 PLC"工具，将"1"写入 PLC 的 D190 地址中。若失败，则将"2"写入 PLC 的 D190 地址中。

至此，整个标定程序设计流程如图 8-25 所示。

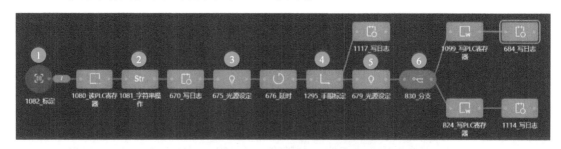

图 8-25　标定程序设计流程

（2）标准位示教（训练吸嘴）程序流程设计　在抓取任务之前，一定需要标准位示教，给抓取的点位一个标准值，让之后的自动抓取流程都能参照标准位置进行抓取，此步骤称为标准位示教，俗称训练吸嘴。

如图 8-26 所示，将锂电池放置在装配单元上预定的固定初始位置（装配单元上左后边角处，电池凸起部分朝外）。机械手吸取锂电池，进行移动，将锂电池放置在上料区（左侧面光源）中心区后，触发移动相机拍照取像。视觉软件根据取像结果进行特征分析，输出系统变量，导出视觉工具块文件。

图 8-26　标准位示教程序中锂电池的初始位置

程序流程：信号源触发程序并通过"读 PLC 寄存器获取指令"（指令中包含机械手当前位置坐标，此为模板中的机械手坐标），取像完成后利用"标准位示教"工具，使用标定后的坐标空间找到电池的中心点（此为模板中的图像坐标）。使用"写变量"工具，将两组模板坐标存到全局变量中，最后回复完成情况。

1）等待触发。在"信号"工具组中的"PLC 扫描"工具，扫描接收 PLC 中的 D168 地址发来的"训练吸嘴"指令——3，"触发条件"设置为"变为 3"。即如果收到 PLC 发送到 D168 地址的数据为 3，就触发标准位示教流程，如图 8-27 所示。

2）解析指令字符串。触发之后用"通讯"工具组中的"读 PLC"工具读取 PLC 中的地址 D120 开始的长度为 92 的指令字符串。

PLC 发来的指令字符串中带有的空格和不可打印字符占据了指令实际长度，为保证后续"手眼标定"工具读取正确的指令，这里需要将其删除。

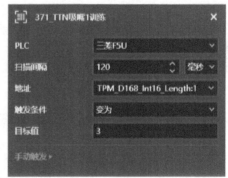

图 8-27　触发指令

用"数据"工具组中的"字符串操作"工具将前面"读 PLC"工具接收到的字符串值去掉空格和不可打印字符，并将经过"字符串操作"上述操作后的值输出，输出变量命名为"@Trim2"。

3）打开光源。用"图像"组中的"光源设定"工具，将移动相机拍照所需光源打开，如左条光、右条光的光强都设置为 255。

采用"系统"组中的"延时"工具，将光源打开延时设为 200 ms，以确保取像时有稳定的和足够强度的光源。

4）取像。用"图像"工具组中的"取像"工具取到相机拍照的图像。

采用"系统"工具组中的"延时"工具，延时 100 ms，以确保取到稳定的图像。

5）关闭光源。用"图像"工具组中的"光源设定"工具，将打开的光源关闭。

6）标准位示教。

在输入设置界面，信号数据来自于解析出的 PLC 发出的标准位示教指令字符串"@ Trim2"，数据格式为"Train,［N］,TTN,C,0,［X］,［Y］,［A］"，图像为相机拍照取得的图像。

在标定设置界面，可打开文件夹，选择前面标定形成的标定文件，如图 8-28 所示。

在特征抓取界面，特征抓取选取"高级"模式，如图 8-29 所示。

视觉工具块中的工具主要有 CogPMAlignTool、CogFixtureTool、CogFindCornerTool（A，B，C，D）、CogFitLineTool（AC，BD）、CogIntersect-LineLineTool（AC-BD）、CogFitLineTool（AB）。

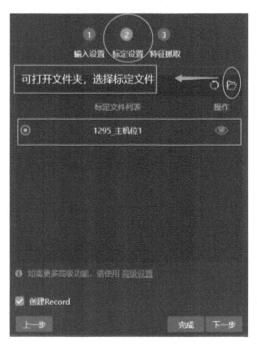

图 8-28　标定设置

抓取锂电池的特征值，也就是对角线的交点，即中心点（AC-BD）的 X、Y 值，和边线 AB 的姿态，即 R 值。

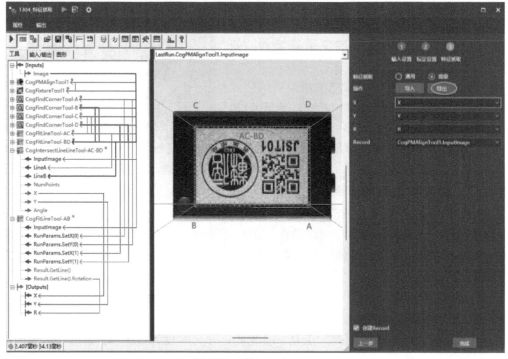

图 8-29　特征抓取界面

将成功运行的视觉工具块（ToolBlock）导出为 vpp 文件，为后续抓取特征的时候导入使用。

7）写入系统变量。先用"数据"工具组中的"数值计算"工具，用 deg 函数将前面工具输出的角度值由弧度转变成角度值，如图 8-30 所示。

8-1　V+功能介绍－数值计算

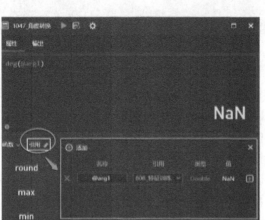

图 8-30　角度转换界面

把解析出来的机械手的坐标值和姿态值（RobotX、RobotY、RobotR），以及抓取的图像特征坐标值（ImageX、ImageY 及转换后的 ImageR 值），分别写入系统变量（1TRX、1TRY、1TRR，1TIX、1TIY、1TIR），如图 8-31 所示。

图 8-31　系统变量写入

8）反馈信息。视觉软件向 PLC 反馈"标准位示教"工具运行结果信息。采用"流程"工具组中的"分支"工具，建立"标准位示教"工具是否成功运行的两个分支。

当"标准位示教"工具执行成功，用"通讯"工具组中的"写 PLC"工具，将"1"写入 PLC 的 D190 地址中。若失败，则将"2"写入 PLC 的 D190 地址中。

整个标准位示教的程序设计流程如图8-32所示。

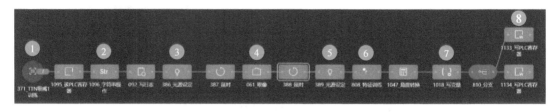

图8-32 标准位示教的程序设计流程

（3）移动抓取程序流程设计 在标定程序和标准位示教程序流程设计完毕后，就可以进行移动抓取程序流程设计。

在上料单元九宫格内放有若干不同类型的锂电池，机械手在上料区依照顺序走九宫格。在每一处驻留时，移动相机拍照，视觉软件处理，引导移动模组抓取工件，放置在装配单元上。

8-2 移动抓取

移动相机继续在九宫格内平移拍照，发送坐标，引导机械手抓取电池并排在装配单元上。直到左侧所有的锂电池都抓完，移动相机遍历九宫格，没有检测到工件，机械手回到原点，运行结束，如图8-33所示。

图8-33 锂电池放置

1）等待触发。在"信号"工具组中的"PLC扫描"工具，扫描接收PLC中的D168地址发来的"移动抓取"指令——21，"触发条件"设置为"变为21"。即如果收到PLC发送到D168地址的数据为21，就触发移动抓取程序流程。

2）解析指令字符串。PLC发来的字符串中带有空格和不可打印字符。用"数据"工具组中的"字符串操作"工具去掉空格和不可打印字符。如图8-34所示，链接读PLC寄存器中读到的Value值字符串，将所有空格和不可打印字符进行删除，并将去除空格和不可打印字符后的字符串作为结果"@Trim2"进行输出和分割，分隔符为","。分割后的子串从头开始，以0依次索引排序。索引号0为机械手的X坐标值（RobotX，为字符串类型），将其进行输出"@Split1"。索引号1为机械手的Y坐标值（RobotY，为字符串类型），将其进行输出"@Split2"，如图8-34所示。

先后用"数据"工具组中的"格式转换"工具将前面解析出来的机械手的坐标X、Y字符串值转换为实数类型，如图8-35所示。

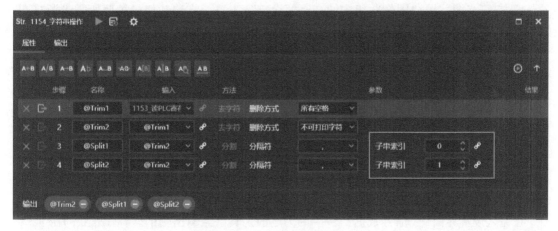

图 8-34 控制指令字符串分割

图 8-35 数据类型格式转换

3) 写入系统变量。用"系统"工具组中的"写变量"工具,将解析及格式转化后的变量写入系统变量 TrigX、TrigY (机械手坐标值),如图 8-36 所示。

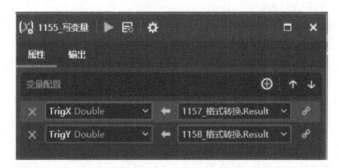

图 8-36 写入系统变量

4）打开光源。用"图像"组中的"光源设定"工具，将移动相机拍照所需光源打开，如左条光、右条光的光强都设置为255。

采用"系统"组中的"延时"工具，将光源打开延时设为200 ms，以确保取像时有稳定的和足够强度的光源。

5）取像。用"图像"工具组中的"取像"工具取到相机拍照的图像。

采用"系统"工具组中的"延时"工具，延时100 ms，以确保取到稳定的图像。

6）关闭光源。用"图像"组中的"光源设定"工具，将打开的光源关闭。

7）特征定位。"引导"工具组中的"特征定位"工具和"标准位示教"工具几乎完全一样。主要目的是输出抓取锂电池的中心点X、Y、R和结果图像。"引导"工具组中的"特征定位"工具如下所示。

在输入设置界面，"信号数据"——因为之前工具已经输出轴的坐标TrigX、TrigY，在此处，指令不需要实时轴位置，直接手动写入指令：Train,1,TTN,1,0,0,0,0。"图像"为取像工具输出的Image。

在标定设置界面，可打开文件夹，选择前面标定形成的标定文件，即"手眼标定"工具输出的主机位1的标定文件。

在特征抓取界面，输出锂电池的中心点X、Y、R和结果图像，即抓取锂电池的特征值，也就是对角线的交点，即中心点（AC-BD）的X、Y值，和边线AB的姿态，即R值。

注意：

此工具右侧输出X、Y、R，必须分别选择左侧ToolBlock输出的X、Y、R，否则没有结果。

在此"特征定位"中的"特征抓取"中，将前面"标准位示教"程序中的"特征抓取"导出的vpp文件进行导入，抓取更准确。

8）数据格式转化。用"数据"工具组中的"格式转化"工具将前面"特征定位"输出的图像姿态弧度值转换成角度值。

9）料号判断。"判断料号"工具为ToolBlock工具，用于区分锂电池型号。主要思路是获取目标区域，对其进行灰度直方图运算，输出其目标区域的灰度平均值，然后将其作为ToolBlock的终端输出。

"判断料号"的ToolBlock工具树中有CogPMAlignTool、CogFixtureTool、CogHistogramTool-Top、CogHistogramTool-Tail等。

对三类锂电池进行分析，发现锂电池的尾部和侧部有差异，有的有缺口，有的没有缺口。因而，分别设置锂电池的尾部和边部有缺口为目标区域，如图8-37所示，对其运用Histogram算法，进行灰度值平均值统计，将其区域直方图统计的均值进行终端输出"Top""Tail"。

通过捕捉锂电池目标区域，进行灰度直方图分析，将其区域的灰度均值进行输出，分别命名为"Top""Tail"。

10）数据运算。

①逻辑运算。采用"数据"工具组中的"逻辑运算"工具，将视觉工具输出的Top、Tail和阈值50分别进行比较。如果目标区域的灰度平均值小于50，则输出为True，代表此

图 8-37　CogHistogramTool-Top 和 CogHistogramTool-Tail 分别关注的区域

处为全黑色，表示目标区域没有缺口；否则，输出为 False，代表此处有缺口。对 Top、Tail 目标区域的分析判断结果分别输出，命名为"@Top""@Tail"，如图 8-38 所示。

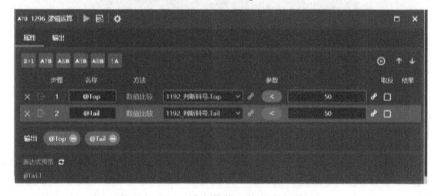

图 8-38　输出数值比较的布尔值

　　② 字符拼接运算。如图 8-39 所示，使用"数据"工具组的"字符串操作"工具，将逻辑运行输出的两个 bool 值进行拼接"@Top+@Tail"，输出拼接结果"@Combine1"，并选择"bool 转 byte"单选按钮，True 为 1，False 为 0。

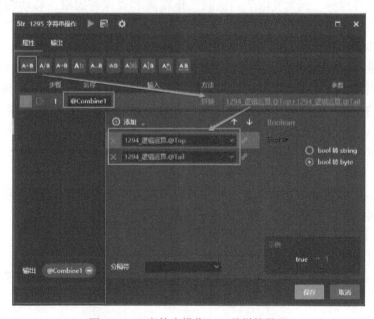

图 8-39　"字符串操作"工具拼接界面

若工件上边缘头部和尾部都没有缺口，则为 true 和 true，输出 11，锂电池类型为产品 A 型；若两侧没缺口，尾部带缺口（Tail>50），则输出 01，锂电池类型为产品 B 型；若两侧有缺口，尾部没缺口，则输出为 10，锂电池类型为产品 C 型。

11）分支操作。如图 8-40 所示，用"流程"工具组中的"分支"工具，对于 @ Combine1 的输出建立三个分支，分别表示三种锂电池型号：11（A 型）、10（B 型）、01（C 型）三种分支。

图 8-40　三个分支

先使用"变量"菜单创建 String 类型变量"Model"，作为存储料号名称的变量。根据不同分支，将三个分支分别通过"系统"工具组中的"写变量"工具，将料号名称（A、B、C）写到创建的变量 Model 中。即根据视觉软件分析的结果，将系统变量 Model 中写入对应的锂电池型号。

"流程"工具组中的"分支选择"工具为空，不需要输入参数，但有收束分支为 1 条流程的作用，这里不可缺少。

12）计算图像坐标。因为受限于相机的工作距离和景深等因素，移动相机没办法拍到上料区九宫格内的所有锂电池。要实现上料区全视野范围可以拍到电池，就需要机械手遍历九宫格，触发移动相机拍照。

当相机在进行标定的时候，锂电池的图像中心坐标值为 CalibX 和 CalibY，系统已经记录其位置。而当相机进行移动拍照时，其图像中心坐标值也应随着机械手的移动而移动。要在标定位置时的图像中心坐标值的基础上做一定的偏移。此时，图像坐标值 X 的计算公式为：@ ImageX+@ TrigX-CalibX。

- @ ImageX：即本次"移动相机引导抓取"流程中的之前"特征定位"工具后输出的 ImageX。
- @ TrigX：PLC 发送过来的机械手坐标 X，写入系统变量中的 TrigX，即当前拍照时的轴坐标 X。如果平移 9 次，就有 9 个不同坐标值。
- CalibX：标定时，在中心位置拍照时的机械手坐标 X。此为固定坐标，每个设备机台坐标值可能会不一样。此坐标值已经存储在 PLC 数据地址中，可在触摸屏上"参数设置"→"位置设置 1"界面上的"移动相机左拍照位置"查询到，如图 8-41 所示。

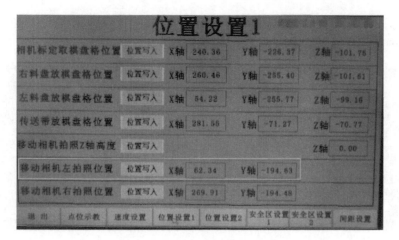

图 8-41 记录下的若干参数

当机械手处于标定时的上料区中心区域时，@ TrigX 和 CalibX 则相同，公式输出结果即为 ImageX。而在其他位置的图像坐标则存在偏移。

用"数据"工具组中的"数值计算"工具，计算在全局视野中的图像坐标 X 值，如图 8-42 所示。

图 8-42 计算图像坐标 X 值

同样，图像坐标 Y 值的计算公式为：@ ImageY + @ TrigY − CalibY。用"数据"工具组中的"数值计算"工具，计算中在全局视野中的图像坐标值。

 注意：

　　所有由移动相机计算出的图像坐标均需要计算偏移量（包括移动抓取和移动组装）。

13）引导计算。"引导"工具组中的"引导计算"工具有三种模式可选，包括"引导抓取""引导组装""位置补正"，如图 8-43 所示。

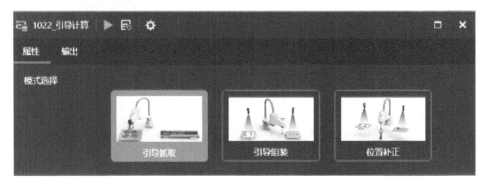

图 8-43 "引导计算"工具的三种模式

在此场景中，选择"引导抓取"模式，主要目的是通过"特征数据"和"训练数据"，计算输出轴的绝对抓取位置坐标 AbsoluteX、AbsoluteY、AbsoluteR，如图 8-44 所示。

图 8-44 "引导计算"工具界面

- 特征数据：就是在抓取流程中，用 ToolBlock 或者特征抓取，找到锂电池图像的 X、Y、R。即当前图像坐标系下，偏移计算后的图像坐标 X、Y 和角度转换后的 R。
- 训练数据：是在"吸嘴训练"中，机械手和电池的 X、Y、R。"训练数据"为标准位示教程序中保存到系统变量里的 3 个图像值 1TIX、1TIY、1TIR，以及 3 个机械轴的坐标值 1TRX、1TRY、1TRR。

经过"引导计算"工具运算后，工具输出轴的绝对抓取位置坐标值为 AbsoluteX、AbsoluteY、AbsoluteR。

14）写入系统变量。将偏移计算的图像坐标的 X、Y 和角度转换后的 R、"引导计算"工具输出的轴抓取位置绝对坐标值分别存入"变量管理"中创建的 6 个系统变量 1Image_X、1Image_Y、1Image_R、1Robot_X、1Robot_Y、1Robot_R 中，以便后续组装的引导计算中进行调用，如图 8-45 所示。

图 8-45　写入系统变量

15）发送坐标值给 PLC。将经过引导计算的坐标值进行格式转化，然后写入 PLC 数据地址区域，引导机械手以标准位示教的姿态来抓取工件。

① 格式转换。首先，采用"数据"工具组中的"格式转换"工具，将数据从 Double 类型转换为 PLC 能够接受的 Real 类型。

依次将引导计算工具输出的轴的抓取位置绝对坐标值 AbsoluteX、AbsoluteY、AbsoluteR 从 Double 类型转换成 Real 类型，如图 8-46 所示。

图 8-46　数据转换

② 给 PLC 发送数据。如图 8-47 所示，将转换后的坐标值，机械手的坐标值 X、Y、R 写入和 PLC 约定好的数据存储区"D170、D172、D174"。

图 8-47　发送坐标值给 PLC

16）反馈信息给 PLC。使用"流程"工具组中的"分支"工具，给 PLC 的 D190 地址写入不同数据。当"标准位示教"工具成功执行，用"通讯"工具组中的"写 PLC"工具将 1 写入 PLC 的 D190 地址；如果工具未能成功执行，则将 3 写入 D190 地址。

3. HMI 界面设计

如图 8-48 所示，将移动抓取流程中的特征抓取图像，以及是否成功抓取显示在 HMI 界面上。将锂电池的料号类型、经过引导计算后的锂电池的中心点坐标值（X、Y）和姿态 R 同样在 HMI 界面上显示出来。

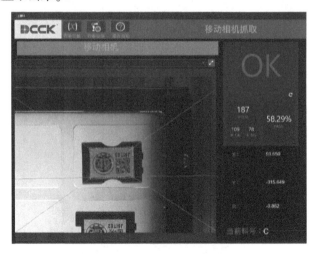

图 8-48　移动抓取的 HMI 界面设计

8.3　项目任务二：移动抓取+固定装配

任务要求：对于移动相机引导抓取和固定相机引导装配，即场景 5，该项目任务模拟了一种自动化生产线上引导抓取和引导装配的过程。如图 8-49 所示，在上料单元有三种不同类型的锂电池，在九宫格内任意放置。通过移动相机在上料区走九宫格拍照，经过视觉处理区分锂电池料号并引导移动模组抓取工件。固定相机位于料盘上方拍照，经过视觉处理找到即区分料盘类别，引导移动模组进行精准装配，将锂电池放置在相匹配的料盘中。

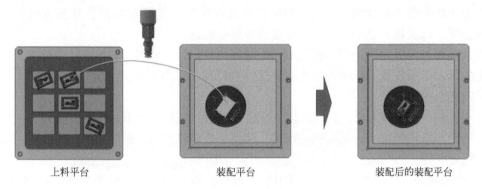

上料平台　　　　　装配平台　　　　　装配后的装配平台

图 8-49　视觉引导场景示意图

8.3.1　任务分析

首先是添加设备、进行通信。然后完成程序任务流程设计，需要通过 DCCK VisionPlus 程序编写完成。根据工艺流程，移动相机在上料区走九宫格拍照，引导移动模组抓取工件。固定相机位于料盘上方拍照，引导移动模组进行精准装配。程序任务流程主要包括 4 个子流程，即标定（2 个相机联合标定）、标准位示教（示范抓取工件的正确姿态）、移动相机引导抓取和固定相机引导组装等，如图 8-50 所示。

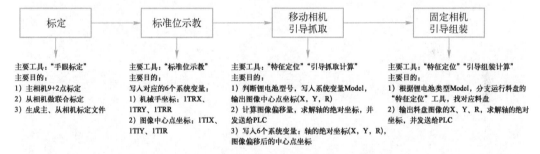

图 8-50　移动抓取+固定装配的程序设计流程示意图

8.3.2　任务实施

1. 硬件配置

（1）添加相机　该项目需要配置 2 台相机：移动相机、右侧光源上方固定组装相机。2 台相机的名称及 SN 分别为：1 号相机名称为移动 CCD，SN 为 192.168.10.10；2 号相机名称为固定 CCD，SN 为 192.168.20.10。

（2）添加光源　添加两个光源控制器（德创1、德创2），端口号分别为串口 COM1 和 COM2，德创1控制 4 个通道光源，德创2控制 4 个通道光源。

（3）添加 PLC　在"设备管理"界面中依次选择"PLC"→"三菱"→"三菱 F5U"，添加三菱 PLC。所有需要用到的寄存器地址和读写信号均和 PLC 端约定确认。

2. 程序流程设计

（1）标定程序流程设计　此场景需要在左、右侧面上进行吸嘴训练操作，因而需要在左右两个工作平台上进行联合标定，即在左侧进行 9+2 点主相机拍照，并在右侧进行 1 次从相机拍照，以实现两个平台的联合标定和坐标系的统一。

将移动相机设置为主相机，装配单元上的固定相机为从相机。将标定片放置在装配单元上预定的固定初始位置。机械手吸取标定片，进行移动，将标定片放置在上料区中心区后，触发移动相机拍照取像。

主相机做 9 点平移和 2 点旋转标定。标定结束后，机械手吸取标定片，搬运到从相机的下方。固定相机拍照，进行从相机的标定。从而 2 个相机的联合标定结束，形成主、从相机的 2 个标定文件。

1）等待触发。在"信号"工具组中的"PLC 扫描"工具，扫描接收 PLC 中的 D168 地址发来的"标定"指令——1，"触发条件"设置为"变为 1"。触发之后用"通讯"工具组中的"读 PLC"工具读取 PLC 中的地址 D120 的指令字符串。

2）解析指令字符串。使用"通讯"工具组中的"读 PLC"工具读取 PLC 发来的从 D120 开始的长度为 92 的字符串。用"数据"工具组中的"字符串操作"工具去掉空格和不可打印字符，将处理后的字符串作为结果"@Trim2"进行输出。将"@Trim2"进行分割，分隔符为","。索引号 3 为待标定相机的机位编号：移动 CCD 相机设置为 1，固定 CCD 相机设置为 2，如图 8-51 所示。

图 8-51　"字符串操作"工具解析指令的界面

3）打开光源。运用"流程"工具组中的"分支"工具，根据之前分割出相机号的变量"@Split1"值"1""2"来选择打开相应位置的光源，即通过"图像"工具组中的"光源设定"工具来打开光源控制器所控制的相应光源通道。

如图 8-52 所示，如果@Split 为 1，进入分支 1，控制主相机 1（移动相机）对应的光源开启，左侧取料位对应光源亮起，左、右侧条光和左侧面光开启。如果@Split 为 2，进入分支 2，控制从相机 2（右侧固定组装相机）放料区对应的光源开启，左、右侧条光和右侧面光开启。

用"流程"工具组中的"分支选择"工具归拢分支。

采用"系统"工具组中的"延时"工具，将光源打开延时设为 200 ms。

图 8-52　根据相机号分别打开相应光源

4）手眼标定。采用"引导"工具组中的"手眼标定"工具进行手眼标定。

首先进行标定配置，数据来源即手眼标定需要的指令，即"字符串操作"工具输出的"@Trim2"；标定模式为多相机；机位数量为 2；特征样式为棋盘格。

5）关闭光源。用"图像"工具组中的"光源设定"工具将所有的光源熄灭。

6）反馈信息。标定步骤完成后，需要发送信号给 PLC。根据"手眼标定"工具运行成功与否建立两个分支。当"手眼标定"工具执行成功，用"通讯"工具组中的"写 PLC"工具，将"1"写入 PLC 的 D190 地址中。若失败，则将"2"写入 PLC 的 D190 地址中。

此场景的标定流程图如图 8-53 所示，包括 PLC 和 V+通信方式。

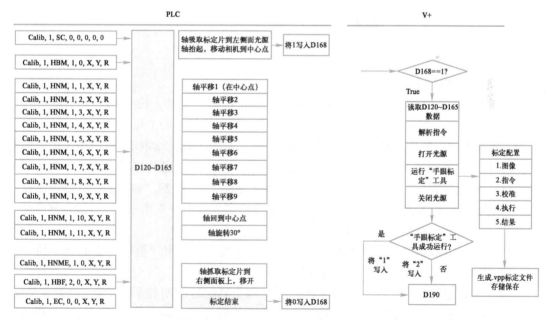

图 8-53　PLC 和 V+的标定流程示意图

联合标定结束后，形成一个主相机的标定文件和一个从相机的标定文件，被系统存放在当前程序文件夹下的"\Config\Guide\Calibration\"文件夹下，如"807_主机位 1.vpp"文件，"807_从机位 2.vpp"文件。

（2）标准位示教程序流程设计 和之前的标准位示教程序类似。使用"引导"工具组中的"标准示教"工具。建立 6 个 Double 类型系统变量，分别是相机 1 拍照下的轴和图像中心点坐标值和姿态值。

使用"系统"工具组中的"写变量"工具，将前面"标准位示教"工具输出的机械手的坐标值 X、Y 和姿态值 R，分别写入变量 1TRX、1TRY、1TRR；将前面"标准位示教"工具输出的图像中心点的 ImageX、ImageY 和经过转换的图像姿态值 ImageR 分别写入变量 1TIX、1TIY、1TIR。

标准位示教程序流程如图 8-54 所示。

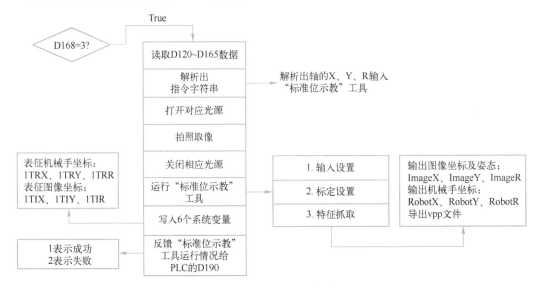

图 8-54 标准位示教程序流程

（3）移动抓取程序流程设计

1）等待触发。通过"信号"工具组中的"PLC 扫描"工具，扫描 PLC 的 D168 地址，"触发条件"设置为"变为 51"（注：为触发自动运行时场景 5 的 1 号相机）。

2）解析指令。使用"通讯"工具组中的"读 PLC"工具，读取 D120～D165 地址内的字符串。使用"数据"工具组中的"字符串操作"工具，将读出的字符串删除空格和不可打印字符，输出字符串，命名为"@Trim2"。用分隔符"，"分割"@Trim2"，输出字符串索引 0，即机械手的 X 坐标值，命名为变量"@Split1"。输出字符串索引 1，即机械手的 Y 坐标值，命名变量"@Split2"，为后续调用。

前面"字符串操作"工具分割输出的都是 String 类型，使用"数据"工具组中的"格式转换"工具分别将它们转换为 Double 类型。

3）写入系统变量。双击"变量"菜单，添加两个 Double 类型的系统变量，命名为 TrigX 和 TrigY。用"系统"工具组中的"写变量"工具，分别将"@Split1""@Split2"经格式转换后的 X 和 Y，即当前拍照位置的轴的 X、Y 坐标值，写入相应变量 TrigX 和 TrigY 中。

4）光源打开和取像。用"图像"工具组中的"光源设定"工具，打开"德创 1"光源控制器的通道 1～3 通道光源，并设置合适的亮度。

采用"系统"工具组中的"延时"工具，延时 100 ms，保证取像效果。

运用"图像"工具组中的"取像"工具，移动相机拍照抓取图像。采用"系统"工具组中的"延时"工具，延时 200 ms。

然后，用"图像"工具组中的"光源设定"工具，关闭相应光源。

5) 特征定位。主要目的是输出抓取锂电池图像特征值 X、Y、R 和结果图像。采用"引导"工具组中的"特征定位"工具。在此"特征定位"的"特征抓取"中，将前面"标准位示教"工具导出的 vpp 文件进行导入，抓取更准确。"特征定位"工具将图像的 X、Y、R 值输出，分别为 ImageX、ImageY、ImageR。

输出的 ImageR 为弧度值，需要用"数据"工具组中的"数值计算"工具将其转换为角度值。

6) 判断料号。"判断料号"工具为"ToolBlock"工具，用于区分锂电池型号。主要思路是获取目标区域，对其进行灰度直方图运算，输出其目标区域的灰度平均值，然后将其作为 ToolBlock 的终端输出。

"判断料号"的 ToolBlock 工具树对三类锂电池进行分析，分别设置锂电池的尾部和边部的缺口处为目标区域，对其运用 Histogram 算法，进行灰度值平均值统计，同时进行终端输出"Top""Tail"。

7) 数据处理。使用"数据"工具组的"逻辑运算"工具，对 ToolBlock 的终端输出结果"Top""Tail"进行分析判断。如果目标区域的灰度平均值小于 50，则输出为 True，表示目标区域没有缺口；否则，输出为 False，代表此处有缺口。对 Top、Tail 目标区域的分析判断结果分别输出，命名为"@ Top""@ Tail"。

使用"数据"工具组的"字符串操作"工具，将逻辑运行输出的两个 bool 值进行拼接"@ Top+@ Tail"，输出拼接结果"@ Combine1"，并选择 bool 转 byte。输出为 11，表示锂电池类型为产品 A 型；输出为 01，表示产品 B 型；输出为 10，表示产品 C 型。

8) 流程分支处理。使用"流程"工具组中的"分支"工具，使得不同锂电池类型（11、01、10）走各自的分支。先创建 String 类型变量"Model"。根据不同分支，将三个分支分别通过"系统"工具组中的"写变量"工具，将料号名称（A、B、C）分别写到创建的变量"Model"中。

"流程"工具组中的"分支选择"工具为空，不需要输入参数，但有收束分支为 1 条流程的作用，这里不可缺少。

9) 计算图像坐标。用"数据"工具组中的"数值计算"工具来计算有偏移量的图像坐标。X 轴坐标计算公式为：@ ImageX+@ TrigX−CalibX。Y 轴坐标计算公式为：@ ImageY+@ TrigY−CalibY。

10) 引导计算。"引导"工具组中的"引导计算"工具有三种模式可以选择，包括"引导抓取""引导组装""位置补正"。

在此场景中，选择"引导抓取"模式，主要目的是通过"特征数据"和"训练数据"，计算输出轴的绝对抓取位置坐标 AbsoluteX、AbsoluteY、AbsoluteR。

"特征数据"就是在抓取流程中，用 ToolBlock 或者特征抓取，找到电池图像的 X、Y、R。即当前图像坐标系下，偏移计算后的坐标 X、Y 和角度转换后的 R。

"训练数据"为模板图像坐标系下，拿到移动抓取标准位示教程序中保存到系统变量里的 3 个图像值 1TIX、1TIY、1TIR，以及在模板机械手坐标下 3 个机械轴的坐标值 1TRX、

1TRY、1TRR。

11）写入变量。将偏移计算的图像坐标的 X、Y 和角度转换后的 R、"引导计算"工具输出的轴抓取绝对位置分别存入"变量管理"中创建的 6 个系统变量（1Image_X、1Image_Y、1Image_R，1Robot_X、1Robot_Y、1Robot_R）中，以便后续在组装的引导计算中进行调用。

12）发送数据给 PLC。PLC 无法接收 Double 类型变量，需要用"数据"工具组中的"格式转换"工具将引导计算输出的轴的绝对坐标 X、Y、R 转换为 Real 类型。将格式转换后的三个值用"通讯"工具组中的"写 PLC"工具，分别发送到 PLC 地址的 D170、D172、D174（对应轴的 X、Y、R 坐标）。

13）将执行情况反馈给 PLC。以本流程前面"特征定位"工具输出的成功与否作为判断而执行分支的依据。"特征定位"成功，则发送 1 给 PLC 的 D190 地址；若失败，则发 3（表示当前宫格无产品），PLC 接收到 3 后，则往九宫格内下一位置走。

整个移动相机引导抓取流程如图 8-55 所示。

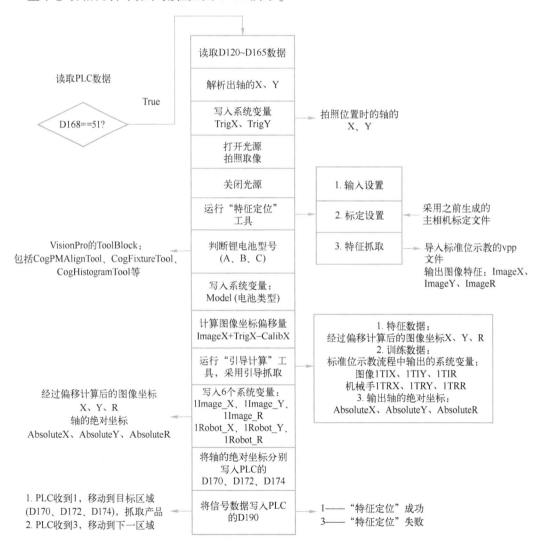

图 8-55　整个移动相机引导抓取流程示意图

（4）固定组装程序流程设计

8-3　移动抓取固定装配

1）等待触发。用"信号"工具组中的"PLC 扫描"工具扫描 PLC 的地址 D168，"触发条件"设置为"变为 52"。

2）打开光源和取像。用"图像"工具组中的"光源设定"工具，将"德创 1"光源控制器控制的通道 2、4 光源打开，即右侧放料区对应的光源（右条光、右面光源）。采用"系统"工具组中的"延时"工具，延时 100 ms，保证取像效果。

"取像"选择"固定 CCD"拍照取像。采用"系统"工具组中的"延时"工具，延时 100 ms，确保取像稳定。

然后，用"图像"工具组中的"光源设定"工具，关闭相应光源。

3）分支特征定位。运用"流程"工具组中的"分支工具"，根据锂电池的三种不同类型（A、B、C）进行不同分支的特征抓取，分别定位料盘 A、B、C，如图 8-56 所示。

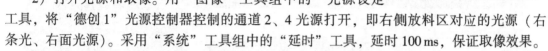

"特征定位"工具设置：

在输入设置界面，指令不需要实时轴位置，"信号数据"直接手动写入指令：Train，1，TTN，2，0，0，0，0。

图 8-56　锂电池类型分支

在标定设置界面，标定文件选择"手眼标定"工具输出的从机位 2 的标定文件。

在特征抓取界面，运用 VisionPro 的 ToolBlock，输出料盘的中心点 X、Y、R 和结果图像。首先，根据不同的锂电池类型分支分别建立相对应料盘的特征坐标系，图 8-57 所示为料盘 B 和 C 的特征抓取。

图 8-57　料盘 B 和 C 的特征抓取

然后，找到各自料盘的中心点坐标 X、Y 及姿态 R。

如图 8-58 所示，可使用 CogFindCornerTool 找到料盘 4 个白色角（边角端点 A、B、C、D）；使用 CogFitLineTool 找到对角线（AC、BD）；使用 CogIntersectLineLineTool 找到对角线的交点，即中心点，输出中心点的 X、Y 坐标值；使用 CogFitLineTool 找到边线 AB，输出边

线的姿态 R。注意：料盘角度方向须与锂电池角度方向保持一致，都为 AB 的方向，最终链接到工具的终端输出，即 Outputs 中的 R。

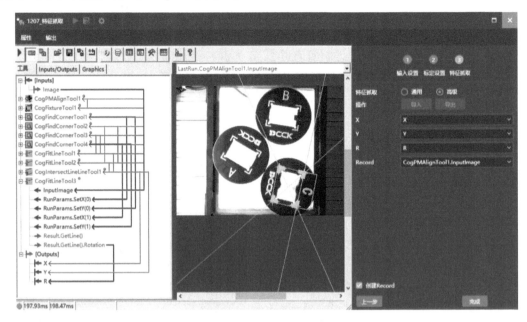

图 8-58　料盘特征定位

运用"流程"工具组中的"分支选择"工具将各个分支归纳到一起，添加的每个分支都将"特征定位"输出的 X、Y、R，是否成功运行的 Successfully，结果图像 Record 都添加为输出项。每个分支的输出数据项都一一对应，如图 8-59 所示。

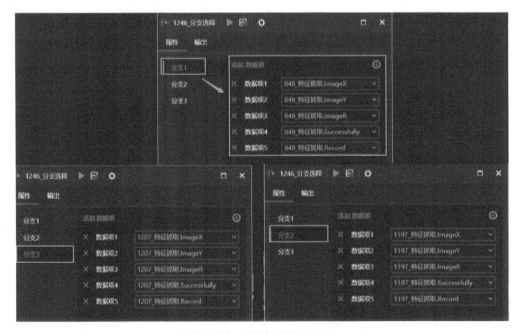

图 8-59　"分支选择"工具

输出的 R 为弧度值，需要通过"数据"工具组中的"数值计算"工具将其从弧度转换为角度值。

4）引导计算。此处"引导计算"工具模式为"引导组装"，如图 8-60 所示。

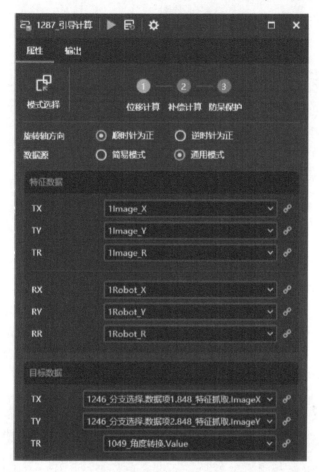

图 8-60　"引导计算"中的引导组装界面

"特征数据"为移动抓取自动程序中保存到变量管理里的 3 个图像坐标值 1Image_X、1Image_Y、1Image_R，以及 3 个机械轴的坐标值 1Robot_X、1Robot_Y、1Robot_R。"目标数据"则选取"分支选择"工具中数据项 1 和 2 的图像 X、Y 和角度转换后的 R。通过"特征数据"和"目标数据"，计算出抓取轴的绝对坐标值 AbsoluteX、AbsoluteY、AbsoluteR。

5）发送数据给 PLC。PLC 没法接收 Double 类型的数据，需要用"数据"工具组中的"格式转换"工具将"引导计算"工具输出的 AbsoluteX、AbsoluteY、AbsoluteR 转换成 Real 类型。将经过格式转换的 Real 类型的 AbsoluteX、AbsoluteY、AbsoluteR 分别写入 PLC 地址的 D170、D172、D174，引导轴进行组装。

6）将执行情况反馈回 PLC。需要链接"分支选择"输出的数据项"Successfully"作为判断依据。如果成功，则发送 1 给 PLC 的 D190 地址；若失败，则发送 2（表示当前没有对应料盘）。

固定组装流程示意图如图 8-61 所示。

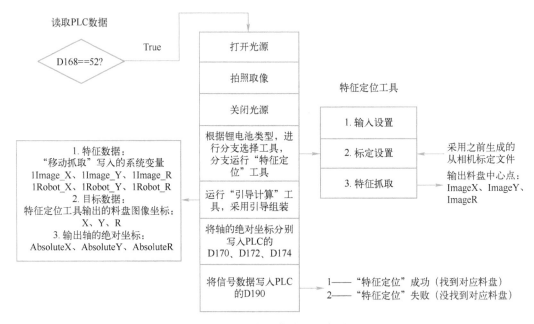

图 8-61　固定组装流程示意图

3. HMI 界面设计

　　如图 8-62 所示，将移动抓取+固定装配流程中的特征抓取图像，以及是否成功抓取都显示在 HMI 界面上。将锂电池的料号类型，移动抓取流程中的引导计算后的锂电池的中心点坐标 X、Y 和姿态 R，固定抓取流程中的引导计算后的料盘的中心点坐标 X、Y 和姿态 R 都在 HMI 界面上显示出来。

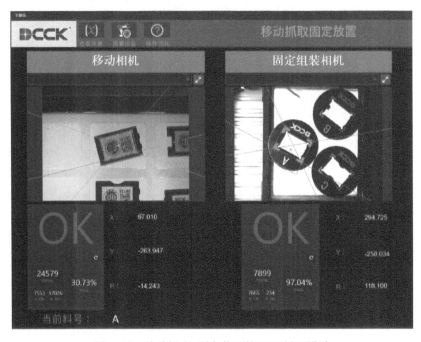

图 8-62　移动抓取+固定装配的 HMI 界面设计

4. 移动抓取+固定装配实操调试

如图 8-63 所示，九宫格安装于左侧面光源上，左右分别摆放适量的锂电池和料盘。

图 8-63 锂电池和料盘场景布置示意图

根据和 V+的约定协议，编写好 PLC 程序，下载到 PLC 中运行。运行相应的 V+程序。按下启动按钮，轴携带移动相机开始拍照，V+处理图像，发送坐标给轴进行抓取。机械手抓取锂电池到初始位置后，右侧固定相机拍摄装料盘，拍摄到有和锂电池匹配的料盘则进行组装。组装完成后，机械手下移吸取电池，把电池搬回原位。移动相机继续去下一个位置拍照，有电池则发送坐标，引导轴抓取电池，没有则去下一个位置。右侧固定相机拍照，存在对应型号料盘则组装。移动相机继续遍历九宫格抓取锂电池，并寻找匹配料盘组装。存在匹配料盘则进行组装，否则将锂电池放至废料区。重复同样的步骤，九宫格遍历完成后，又从中间位置出发，循环往复。

思考与练习

1. 在多个相机进行引导定位时，为什么要首先进行多机联合标定？
2. 标准位示教的含义和作用是什么？
3. 在移动相机拍照时，为什么需要计算图像坐标的偏移量？
4. "特征定位"工具运行的步骤包括哪些？
5. 简述引导计算的含义。

第9章 机器视觉综合应用

机器视觉综合应用通常需要结合多种技术和算法来实现。例如,一个机器视觉导航系统可能需要使用视觉识别技术来识别和跟踪目标,使用视觉检测技术来检测和避开障碍物,使用视觉测量技术来测量距离和位置,以及采用视觉引导技术来提供实时的导航指示。

在使用视觉软件进行机器视觉综合应用场景的设计时,如果需要实现自定义的图像处理算法或者与硬件设备进行通信,则需要使用编程语言来实现。其中,C#是一种流行的编程语言,广泛应用于软件开发领域。C#的强大编程能力和丰富的库资源使得开发人员能够更加灵活、高效地构建机器视觉应用。

视觉软件 VisionPro 提供了一套功能强大的工具和库,用于图像处理、机器视觉算法和应用开发。VisionPro 还提供了一个内置的脚本编辑器,用于编写 C#脚本代码。可以在脚本编辑器中编写代码并进行调试,以实现所需的图像处理和机器视觉算法。

通过 C#脚本,可以访问和利用 VisionPro 提供的功能库和工具。这包括图像获取、预处理、分析、特征提取、模式匹配等方面的功能。可以在脚本中调用这些功能,并根据需要进行参数配置和调整。

使用 C#脚本编程,可以创建和实现自定义的功能模块,可以与其他系统和工具进行数据交互,并进行结果处理和输出。C#脚本编程还可以用于自定义 VisionPro 的用户界面,可以为 VisionPro 提供更高的灵活性和可扩展性,使其适应更广泛的应用需求。

9.1 C#脚本编程

9.1.1 C#编程简介

1. C#概述

Microsoft .NET(以下简称 .NET)框架是微软提出的新一代 Web 软件开发模型,C#语言是 .NET 框架中新一代的开发工具。C#语言是一种现代、面向对象的语言,它简化了 C++语言在类、命名空间、方法重载和异常处理等方面的操作,它摒弃了 C++的复杂性,更易使用,更少出错。它使用组件编程。C#语法与 C++和 Java 语法非常相似。

C#程序在 .NET 上运行,而 .NET 是名为公共语言运行时(CLR)的虚拟执行系统和一组统一的类库。CLR 是 Microsoft 公司对公共语言基础结构(CLI)国际标准的商业实现。CLI 是创建执行和开发环境的基础,语言和库可以在其中无缝地协同工作。

用 C#编写的源代码被编译成符合 CLI 规范的中间语言(IL)。IL 代码和资源(如位图和字符串)存储在程序集中,扩展名通常为 .dll。程序集包含一个介绍程序集的类型、版本和区域性的清单。

执行 C#程序时，程序集将加载到 CLR。CLR 会直接执行实时（JIT）编译，将 IL 代码转换成本机指令。CLR 可提供其他与自动垃圾回收、异常处理和资源管理相关的服务。CLR 执行的代码有时称为"托管代码"，被编译成面向特定系统的本机语言。

语言互操作性是 .NET 的一项重要功能。C#编译器生成的 IL 代码符合公共类型规范（CTS）。通过 C#生成的 IL 代码可以与通过 .NET 版本的 F#、Visual Basic、C++ 或其他 20 多种与 CTS 兼容的任何语言所生成的代码进行交互。一个程序集可能包含多个用不同 .NET 语言编写的模块，且类型可以相互引用，就像是用同一种语言编写的一样。

除了运行时服务之外，.NET 还包含大量库。这些库支持多种不同的工作负载。它们已被整理到命名空间中，这些命名空间提供各种实用功能，包括文件输入输出、字符串控制、XML（可扩展标记语言）分析、Web 应用程序框架和 Windows 窗体控件。典型的 C#应用程序广泛使用 .NET 类库来处理常见的"管道"零碎工作。

2. C#示例程序

C#组织结构中的关键概念包括程序、命名空间、类型、成员和程序集。程序声明类型，而类型则包含成员，并被整理到命名空间中。类型示例包括类、结构和接口。成员示例包括字段、方法、属性和事件。编译完的 C#程序实际上会打包到程序集中。程序集的文件扩展名通常为 .exe 或 .dll，具体取决于实现的是应用程序还是库。

"Hello，World"程序的 C#代码如下：

```
using System;            //导入命名空间
class Hello              //类定义
{ / *解释开始，和 C 语言解释用法相同
解释结束 */
static void Main( )      //主程序，程序入口函数，必须在一个类中定义
        { Console. WriteLine( "Hello, World" );  }
}
```

和 C 语言相同，C#语言是区分大小写的。高级语言总是依赖于许多在程序外部预定义的变量和函数。在 C 或 C++中，这些定义一般被放在头文件中，用#include 语句导入这个头文件。而在 C#语言中使用 using 语句导入名字空间，using System 语句的意义是导入 System 名字空间，C#中的 using 语句的用途与 C 语言中#include 语句的用途基本类似，用于导入预定义的变量和函数，这样在自己的程序中就可以自由地使用这些变量和函数。

命名空间提供了一种用于组织 C#程序和库的分层方法。命名空间包含类型和其他命名空间。例如，System 命名空间包含许多类型（如程序中引用的 Console 类）和其他许多命名空间（如 IO 和 Collections）。借助引用给定命名空间的 using 指令，可以非限定的方式使用作为相应命名空间成员的类型。由于使用 using 指令，因此程序可以使用 Console. WriteLine 作为 System. Console. WriteLine 的简写。在每个 Console 前加上一个前缀"System."，这个小原点表示 Console 是作为 System 的成员而存在的。C#中摒弃了 C 和 C++中繁杂且极易出错的操作符::和->等，C#中的复合名字一律通过"."来连接。System 是 .Net 框架提供的最基本的名字空间之一。

C#程序中每个变量或函数都必须属于一个类，包括主函数 Main( )。不能如 C 或 C++那

样建立全局变量。C#语言程序总是从 Main( )方法开始执行的，一个程序中不允许出现两个或两个以上的 Main( )方法。

static void Main( )是类 Hello 中定义的主函数。"Hello，World"程序声明的 Hello 类只有一个成员，即 Main( )方法。Main( )方法使用 static 修饰符进行声明，表明是一个静态方法。实例方法可以使用关键字 this 引用特定的封闭对象实例，而静态方法则可以在不引用特定对象的情况下运行。按照约定，Main 静态方法是 C#程序的入口点。程序的输出是由 System 命名空间中 Console 类的 WriteLine 方法生成的。此类由标准类库提供。默认情况下，编译器会自动引用标准类库。

3. 类的概念

C#语言是一种现代、面向对象的语言。面向对象程序设计方法提出了一个全新的概念：类，它的主要思想是将数据（数据成员）及处理这些数据的相应方法（函数成员）封装到类中，类的实例则称为对象。这就是封装性。类可以认为是对结构的扩充，它和 C 语言结构最大的不同是：类中不但可以包括数据，还包括处理这些数据的函数。类是对数据和处理数据的方法（函数）的封装。类是对某一类具有相同特性和行为的事物的描述。例如，定义一个描述个人情况的类 Person 如下：

```
using System;
class Person                    //类的定义，class 是保留字，表示定义一个类，Person 是类名
{ private string name="张三";    //类的数据成员声明
  private int age=12;           //private 表示私有数据成员
  public void Display( )        //类的方法（函数）声明，显示姓名和年龄
    { Console. WriteLine("姓名:{0},年龄:{1}",name,age);
    }
  public void SetName( string PersonName)    //修改姓名的方法（函数）
    { name=PersonName;}
}
```

这里实际定义了一个新的数据类型，为用户自己定义的数据类型，是对个人的特性和行为的描述，类型名为 Person，和 int、char 等一样为一种数据类型。用定义新数据类型 Person 类的方法把数据和处理数据的函数封装起来。

Person 类仅是一个用户新定义的数据类型，由它可以生成 Person 类的实例，C#语言称为对象。用如下方法声明类的对象：

```
Person OnePerson=new Person( );
```

此语句的意义是建立 Person 类对象，返回对象地址赋值给 Person 类变量 OnePerson。也可以分两步创建 Person 类的对象：

```
Person OnePerson;
OnePerson=new Person( );
```

OnePerson 虽然存储的是 Person 类对象地址，但不是 C 中的指针，不能像指针那样可以

进行加减运算，也不能转换为其他类型地址。它是引用型变量，只能引用（代表）Person 对象。C#只能用此种方法生成类对象。在程序中，可以用"OnePerson. 方法名"或"OnePerson. 数据成员名"访问对象的成员。例如：

OnePerson. Display( )，公用数据成员也可以这样访问。

9.1.2　C#脚本编程基础

C#脚本是 VisionPro 中的一种编程语言，用于编写自定义脚本和算法。使用 C#脚本编程，可以实现自定义图像处理、分析和测量等功能，并将它们集成到应用程序中。

1. C#脚本类型

C#脚本主要包括以下三种类型。

1）Job 脚本：Job（作业）脚本可以对取像过程进行控制，可以设置取像参数、控制取像行为，如设置曝光、频闪、自动对焦等功能。

2）ToolGroup 脚本：在 ToolGroup 中添加脚本，可以控制 ToolGroup 的运行行为，如定义输入输出终端，控制工具运行逻辑等。

3）ToolBlock 脚本：控制当前 ToolBlock 所包含工具的行为，执行逻辑以及拓展工具所不包含的计算等。

VisionPro 通过"多态"技术实现脚本功能。VisionPro 的每个 Job、ToolGroup、ToolBlock 对象都含有一个接口对象，用户通过重写接口方法实现自定义拓展功能。以 ToolBlock 为例，CogToolBlockAdvancedScriptBase 接口中定义了子类中必须实现的函数，当 ToolBlock 执行到某一节点（工具准备运行、工具运行完成等）时会调用相应的接口函数实现用户指定的功能。

2. ToolBlock 的脚本

ToolBlock 的脚本父类为 CogToolBlockAdvancedScriptBase，该类提供了一组用于编写 ToolBlock 脚本的基本方法和属性。通过继承 CogToolBlockAdvancedScriptBase 类，可以扩展和定制 ToolBlock 的功能。

两个脚本基类，CogToolBlockSimpleScript 与 CogToolBlockAdvancedScript 分别用于简单脚本与复杂脚本，两者之间的区别在于复杂脚本能够实现：①动态定义 ToolBlock 的输入输出终端；②访问当前工具块所包含工具的所有属性与方法。

假设工具块有输入端"Radians"（弧度值）和输出终端"Degrees"（角度值），在访问工具块的输入输出终端时，两者的具体访问方式如下：

```
//使用简单脚本为输出赋值
Outputs. Degrees = Inputs. Radians * 180 / Math. PI;
//使用复杂脚本为输出赋值
this. mToolBlock. Outputs[ "Degrees" ]. Value = ( ( double )
this. mToolBlock. Inputs[ "Radians" ]. Value ) * 180 / Math. PI;
```

需要注意的是，CogToolBlockAdvancedScriptBase 类作为一个抽象类，通常需要通过继承并实现其中的抽象方法来创建具体的脚本类。这样，可以根据特定的应用需求编写和定制自己的 ToolBlock 脚本。

9.1.3 C#脚本编辑

如图9-1所示,打开 ToolBlock 工具后选择 ToolBlock 下的 C#高级脚本,打开脚本编辑器。

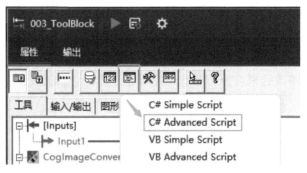

图9-1 打开 C#高级脚本编辑器

如图9-2所示,C#高级编辑器主要包含6个区域。

图9-2 C#高级编辑器界面

1. 添加命名空间

如果在创建脚本之前将视觉工具都添加完毕,在创建脚本的时候,系统会自动添加所需的全部命名空间。如果后期又有新的视觉工具添加到程序中,需要自己添加命名空间。可添加以下命名空间:

```
using Cognex. VisionPro;
using Cognex. VisionPro. ToolBlock;
using Cognex. VisionPro. PMAlign;
```

VisionPro 部分工具对应的命名空间见表 9-1。

表 9-1　VisionPro 部分工具对应的命名空间

分　　类	名　　称	命 名 空 间
无分类	CogAcqFifoTool	Cognex. VisionPro. CogAcqFifoTool
	CogBlobTool	Cognex. VisionPro. Blob
	CogCaliperTool	Cognex. VisionPro. Caliper
	CogCNLSearchTool	Cognex. VisionPro. CNLSearch
	CogToolBlock	Cognex. VisionPro. ToolBlock
	CogPatInspectTool	Cognex. VisionPro. PatInspect
	CogPMAlignTool	Cognex. VisionPro. PMAlign
ID & Verification	CogIDTool	Cognex. VisionPro. ID
	CogOCRMaxTool	Cognex. VisionPro. OCRMax
	CogOCVMaxTool	Cognex. VisionPro. OCVMax

如果在脚本编译时遇到"未能找到类型或命名空间名称'XXX'（是否缺少 using 指令或程序集引用?）"的错误，可打开 VisionPro 帮助文档，输入对应工具类，查看需要引用的命名空间名称及需要导入的程序集（.dll 文件），如图 9-3 所示。

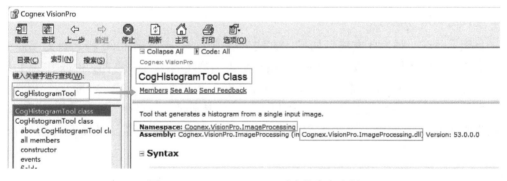

图 9-3　CogHistogramTool 对应的命名空间

若先创建 C#高级脚本，后在 ToolBlock 中增加新工具，则需要手动添加参考程序集。找到需要导入的程序集，进行导入，并在脚本开头引入对应命名空间，如图 9-4 所示。

2. 定义成员变量

可以定义一些后续会用到的变量，可以随时添加、删除这些变量。在方法外面定义变量，如康耐视自动生成的变量：

```
private Cognex. VisionPro. ToolBlock. CogToolBlock mToolBlock;     //定义工具变量
```

常见的定义工具变量如下：

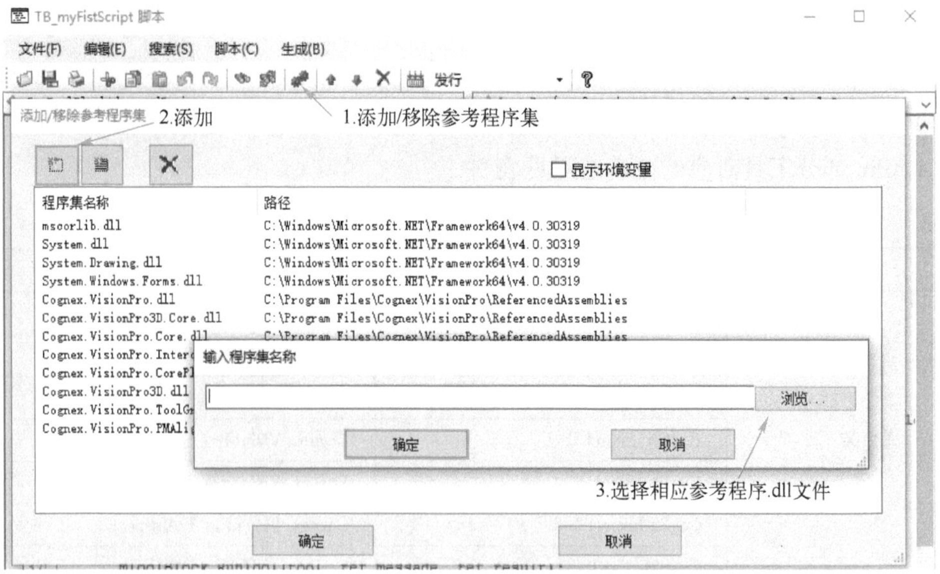

图 9-4　导入程序集

```
private Cognex. VisionPro. Blob. CogBlobTool mCogBlob;
private Cognex. VisionPro. Caliper. CogCaliperTool mCogCaliper;
private Cognex. VisionPro. Caliper. CogFindCircleTool mCogFindCircle;
private CogGraphicCollection labels;
private CogGraphicLabel myLabel;
```

3. GroupRun 创建方法

工具组运行时，调用此方法。如果此方法返回值为 True，VisionPro 将运行此 ToolBlock 中的所有工具；如果返回值设为 False，将由用户来编写代码手动运行 ToolBlock 中的工具。

为了能够在 ToolBlock 脚本中独立运行视觉工具，可以使用 ToolBlock 的 Tools 属性。可以通过两种方法来引用视觉工具，一是通过索引，二是通过工具名称。一般来讲，通过名称来引用视觉工具更为方便，因为可以为其定义有实际意义的名称，以便于理解和记忆。例如：

```
CogBlobTool _cogBlob = (CogBlobTool) mToolBlock. Tools["CogBlobTool1"];  //通过名称
CogBlobTool _cogBlob = (CogBlobTool) mToolBlock. Tools[4];               //通过索引
```

在此处需要初始化工具变量，如下所示：

```
public override bool GroupRun( ref string message, ref CogToolResultConstants result)
  {
    // Run each tool using the RunTool function
    foreach( ICogTool tool in mToolBlock. Tools)
      mToolBlock. RunTool( tool, ref message, ref result);
    //获取视觉工具箱中的工具，进行实例初始化
```

```
CogBlobTool mCogBlob = mToolBlock. Tools["CogBlobTool1"] as CogBlobTool;
CogCaliperTool mCogCaliper = mToolBlock. Tools["CogCaliperTool1"] as CogCaliperTool;
CogFindCircleTool mCogFindCircle = mToolBlock. Tools["CogFindCircleTool1"] as CogFindCircleTool;
    mCogFindCircle. Run();            //运行 CogFindCircleTool1 工具
    mCogBlob. Run();                  //运行 CogBlobTool1 工具
    return true;
    }
```

4. Current Run Record 创建方法

ModifyCurrentRunRecord()方法用于修改 CurrentRecord，在 ToolBlock 的 CurrentRecord 被创建后调用。VisionPro 工具记录是一种灵活的分层数据结构，所有 VisionPro 工具都使用工具记录来记录和报告有关其状态的信息。存储在工具记录中的信息可以包括输入、训练和输出图像，输入区域，工具结果和工具结果图形。CurrentRecords 为当前记录，LastRunRecords 为最近运行记录。

5. Last Run Record 创建方法

ModifyLastRunRecord()方法用于修改 LastRunRecord，在 ToolBlock 的 LastRunRecord 被创建后调用，用于脚本运行完毕最后结果的处理。例如：在最终生成图像中添加标签、颜色等，用不同几何图像标记目标区域。ModifyLastRunRecord 输出执行结果。可通过 mTool-Block. AddGraphicToRunRecord 方法把结果输出到界面上。

函数 AddGraphicToRunRecord 有 4 个参数：第 1 个参数是 CogGraphicLabel 类型；第 2 个参数是 lastRecord，一般是这个值；第 3 个参数是标签要写入的图片，选择某个工具的输出图片；第 4 个参数一般为空字符串。

```
public override void ModifyLastRunRecord(Cognex. VisionPro. ICogRecord lastRecord)
    {//显示
    for each(ICogGraphic graphic in labels)
        {
    mToolBlock. AddGraphicToRunRecord(graphic,lastRecord,"CogFindCircleTool1. InputImage", "script");
        }
    labels. Clear();
    CogGraphicLabel label = new CogGraphicLabel();
    label. SetXYText(160, 50, "齿数:" + mCogBlob. Results. GetBlobs(). Count. ToString());
    label. Font = new Font("微软黑体", 10);
    label. Color = Cognex. VisionPro. CogColorConstants. Blue;
    mToolBlock. AddGraphicToRunRecord(label,lastRecord,"CogFindCircleTool1. InputImage","script");
    }
```

6. 初始化方法

当关闭脚本编译器且编译脚本时调用初始化方法。所有的"一次性"的初始化工作都应该写在该方法中。

```
public override void Initialize( Cognex. VisionPro. ToolGroup. CogToolGroup host)
{    // DO NOT REMOVE – Call the base class implementation first – DO NOT REMOVE
     base. Initialize( host) ;
     //实例化。注：在使用类的非静态方法或属性时，必须将类实例化
     this. mCogBlob  =  new CogBlobTool( ) ;
     this. mCogFindCircle  =  new CogFindCircleTool( ) ;
     this. labels  =  new CogGraphicCollection( ) ;
     // Store a local copy of the script host
     this. mToolBlock  = ( ( Cognex. VisionPro. ToolBlock. CogToolBlock) ( host) ) ;
}
```

9.1.4 C#脚本编程实例一

如图 9-5 所示，需要测量零件宽度，以及测量中间两个小孔的圆心距离，对其圆心间的测量距离进行公差分析，做出合格与否的判断，在图形上显示相关数据。

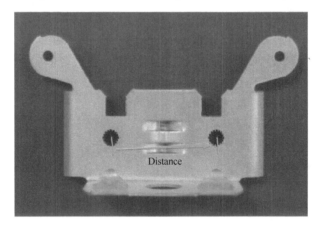

图 9-5 零件测量任务

1. 任务分析

对于零件，首先要采集图像，然后提取图像特征，建立特征坐标系。然后，通过卡尺工具（CogCaliperTool）测量中间宽度。采用 CogFindCircleTool 分别找到中间两个小孔的圆心。运行 ToolBlock 的 C#高级脚本编程，求出两个小孔的圆心距离，输出到 ToolBlock 的终端输出端，并将距离在图像上显示。

2. 任务流程设计

在 V+程序中建立一个任务流程，主要包括触发信号、取像、视觉工具块和结果图像。

视觉工具块 ToolBlock 中包含 CogPMAlignTool、CogFixtureTool、CogCaliperTool、CogFindCircleTool 等工具。选择视觉工具的输出终端 "Outputs"，右击选择 "Add new system types" → "Add new system. Double" 命令，将输出的 Double 类型的变量命名为 "Distance"。选择 "Add new system types" → "Add new system. Boolean"，将添加的输出变量命名为 "Dis_OK"。

将 "CogCaliperTool1" 卡尺工具测量的结果 "Results. Item[0]. Width" 链接到输出终

端，并命名为"Width"，如图 9-6 所示。

各工具运行成功后，进入"C#高级编程"设计界面。

3. 脚本编辑

（1）添加命名空间　如果所有的视觉工具都运行成功，此时进入脚本编辑器，那么视觉工具组织树中的所有工具所需的命名空间都已存在，不需要另外添加。

（2）定义成员变量　定义 GraphicLabel 的变量：

```
private CogGraphicLabel mLab;
```

（3）调用 GroupRun 方法　在 GroupRun 运行时，各工具遍历运行。获取对应工具运行后的结果。

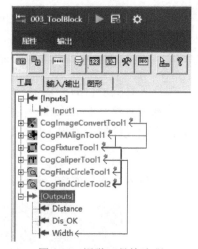

图 9-6　视觉工具块流程

```
public override bool GroupRun( ref string message, ref CogToolResultConstants result)
    {
    //使用 RunTool 函数运行每个工具
    foreach( ICogTool tool in mToolBlock. Tools)
        mToolBlock. RunTool( tool, ref message, ref result);
    //将两个 CogFindCircleTool 初始化
    CogFindCircleTool circle1 = mToolBlock. Tools[ "CogFindCircleTool1" ] as CogFindCircleTool;
    CogFindCircleTool circle2 = mToolBlock. Tools[ "CogFindCircleTool2" ] as CogFindCircleTool;
    //求解两个圆心的距离
    double x1 = circle1. Results. GetCircle( ). CenterX;
    double y1 = circle1. Results. GetCircle( ). CenterY;
    double x2 = circle2. Results. GetCircle( ). CenterX;
    double y2 = circle2. Results. GetCircle( ). CenterY;
    double dis = Math. Sqrt( Math. Pow( x1 - x2, 2) + Math. Pow( y1 - y2, 2));
    //在 ToolBlock 的终端输出距离(Distance)值
    mToolBlock. Outputs[ "Distance" ]. Value = dis;
    //在 ToolBlock 的终端输出判断结果（Dis_OK）值
    if(( dis > 218) && ( dis < 220))
        {    mToolBlock. Outputs[ "Dis_OK" ]. Value = true;    }
    else
        {    mToolBlock. Outputs[ "Dis_OK" ]. Value = false;    }
    //创建输出的图形标签，包括图形标签的字体、颜色，放置位置的 X、Y 坐标值及内容
    mLab = new CogGraphicLabel( );                        //实例化图形标签变量
    mLab. Font = new Font( "宋体", 18);                   //设置字体及大小
    mLab. Color = CogColorConstants. Green;               //设置颜色
    mLab. SetXYText( 100, 80, "圆孔距离:" + dis. ToString( "0. 00" ));  //设置放置位置及内容
    return false;
    }
```

（4）调用 ModifyLastRunRecord 方法　在最终生成图像中添加图形标签。

```
public override void ModifyLastRunRecord(Cognex. VisionPro. ICogRecord lastRecord)
{mToolBlock. AddGraphicToRunRecord
    (mLab,lastRecord,"CogFixtureTool1. OutputImage","script")}
```

视觉工具块运行后，在"CogFixtureTool1. OutputImage"的最终生成图像中添加图形标签。视觉工具块（ToolBlock）的终端输出"Distance""Dis_OK""Width"可在V+程序中的运行界面设计器中输出。

4. HMI 界面设计

在运行界面设计器中，输出采集到的尺寸及分析结果，如图9-7所示。

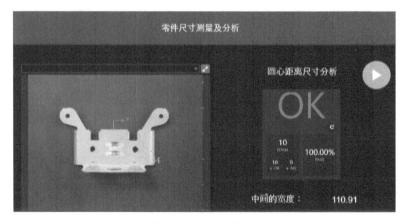

图9-7　零件尺寸测量及分析的 HMI 界面

9.1.5　C#脚本编程实例二

如图9-8所示，要求统计和显示各种颜色糖果的个数。

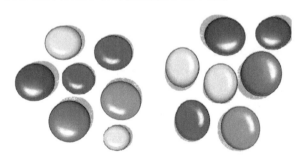

图9-8　糖果图

对于图9-8所示糖果，首先要采集图像，然后用CogPMAlignTool对图像特征进行提取，把所有颜色的糖果外形都提取出来。然后，使用颜色提取工具CogCompositeColorMatchTool对特征糖果进行逐一颜色匹配。统计颜色匹配的相同颜色的个数，进行输出。

1. 程序流程设计

在V+程序中建立一个任务流程，主要包括触发信号、取像、视觉工具块和结果图像。

2. 视觉工具块流程设计

（1）整体流程设计　如图9-9所示，在视觉工具块 ToolBlock 中，建有 CogPMAlignTool、CogCompositeColorMatchTool 等工具。

选择视觉工具的输出终端"Outputs"，右击选择"Add new system types"→"Add new system.Int32"命令，将输出的整数类型"Int32"的变量命名为"Red_count"。依照同样的方法，依次添加变量"Blue_count""Orange_count""Yellow_count""Green_count"。

把 CogPMAlignTool 的"Results"进行添加输出。把 CogPMAlignTool 运行输出的结果"Results_Count"添加输出，同时链接到工具块"ToolBlock"的输出终端"Outputs"。

（2）特征提取工具　在 CogPMAlignTool 运行之前，先用 CogImageConvertTool 把图像转换成灰度图像。"运行参数"的设置如图9-10所示。"查找概数"设置为图像中的糖果最大数。训练区域为圆形，在"缩放"设置时，缩放因子应设置得足够大，能够把大大小小的圆形（或椭圆形）的糖果都包含在内。

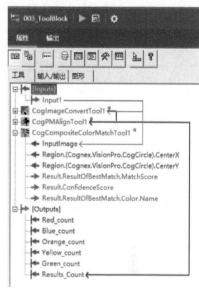

图 9-9　视觉工具块流程

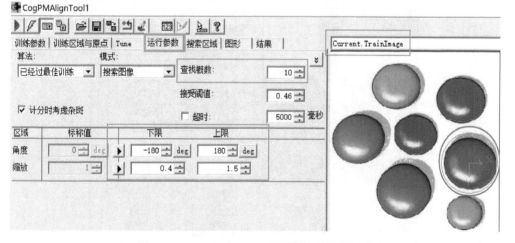

图 9-10　CogPMAlignTool 的运行参数设置界面

（3）颜色匹配工具　CogCompositeColorMatchTool 可用于将运行时感兴趣区域（ROI）中的颜色分布与一种或多种经过训练的颜色样本进行比较。

对于每个受过训练的样本，输出的分数在 0~1 的范围内，最高分数是最佳匹配。该工具还会计算 0~1 范围内的置信度得分，该得分将训练样本的得分之间的差异进行比较。高置信度得分表示得分最高的训练图像明显高于其他训练图像，这意味着它显然是最合适的匹配对象。

如图9-11所示，对于 CogCompositeColorMatchTool，先设置目标区域。区域形状设置成

"CogCircle"，区域的中心点（即圆点）的坐标值可以用脚本编程输入。

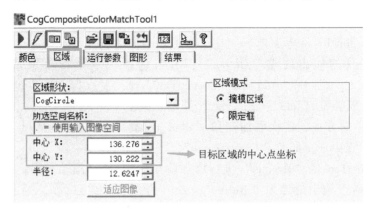

图 9-11 CogCompositeColorMatchTool 目标区域设置

设置目标区域后，然后单击"新增"按钮，添加目标区域的颜色设置。设置区域颜色名称后，进行接受和训练，如图 9-12 所示。依次把图像中所有的颜色（Red、Blue、Orange、Green、Yellow）都训练完。

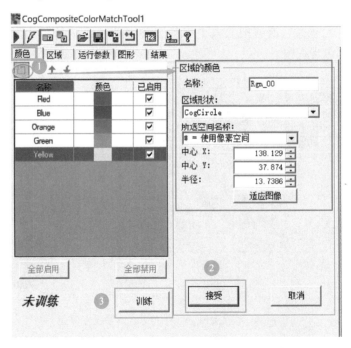

图 9-12 CogCompositeColorMatchTool 的颜色训练界面

该工具将运行时感兴趣区域（ROI）中的颜色与训练后的颜色图案进行比较，并为每个图案分配 0~1 范围内的分数。训练有素的模式表显示了每个模式及其得分。"最佳匹配"对话框描述了最佳匹配模式。

3. 脚本编辑

进入 C#高级脚本编辑器，主要是调用 GroupRun 方法。

```
public override bool GroupRun(ref string message, ref CogToolResultConstants result)
    {
        // Run each tool using the RunTool function
        foreach(ICogTool tool in mToolBlock. Tools)
            mToolBlock. RunTool(tool, ref message, ref result);
    //定义统计颜色个数的整数变量,并且初始化
        int Red_count=0;
        int Blue_count=0;
        int Orange_count=0;
        int Yellow_count=0;
        int Green_count=0;
    //获取 CogPMAlignTool
        CogPMAlignTool Pma1 = mToolBlock. Tools["CogPMAlignTool1"] as CogPMAlignTool;
        //获取 CogCompositeColorMatchTool
CogCompositeColorMatchTool match = mToolBlock. Tools["CogCompositeColorMatchTool1"] as
CogCompositeColorMatchTool;
        //定义颜色匹配工具的区域图形,为圆形区域
        CogCircle region = match. Region as CogCircle;
        //遍历运行 CogPMAlignTool 产生的每一个结果
        foreach(CogPMAlignResult item in Pma1. Results)
        {
        //将 CogPMAlignTool 结果的中心点坐标传给颜色匹配工具的区域中心点
        region. CenterX = item. GetPose(). TranslationX;
        region. CenterY = item. GetPose(). TranslationY;
        //运行颜色匹配工具
        mToolBlock. RunTool(match, ref message, ref result);
        //输出颜色匹配工具输出的颜色
        string color = match. Result. ResultOfBestMatch. Color. Name;
        //统计各个颜色匹配的总数
        switch(color)
        {   case "Red":
                Red_count++;             break;
            case "Blue":
                Blue_count++;            break;
            case "Orange":
                Orange_count++;          break;
            case "Yellow":
                Yellow_count++;          break;
            case "Green":
                Green_count++;           break;
            default:
                break;
```

```
    }
    //将遍历 CogPMAlignTool 的各个颜色统计结果传递给输出端相应的变量值
    mToolBlock. Outputs["Red_count"]. Value = Red_count;
    mToolBlock. Outputs["Blue_count"]. Value = Blue_count;
    mToolBlock. Outputs["Orange_count"]. Value = Orange_count;
    mToolBlock. Outputs["Yellow_count"]. Value = Yellow_count;
    mToolBlock. Outputs["Green_count"]. Value = Green_count;
    }
    return false;
}
```

4. HMI 界面设计

在 V+界面设计器中，输出采集到的各个图像的糖果颜色和相应的个数，如图 9-13 所示。

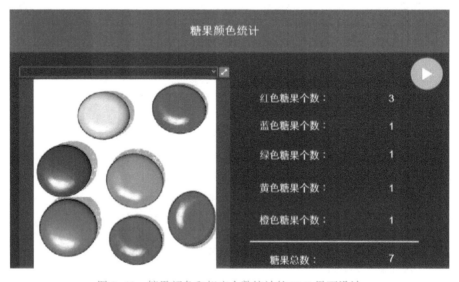

图 9-13　糖果颜色和相应个数统计的 HMI 界面设计

9.2　机器视觉生产线综合案例

综合案例涵盖机器视觉四大类应用：测量、识别、检测和引导。综合场景即 8.1.2 节中的场景 7，如图 4-2 所示。在上料单元有三种不同类型的锂电池，在九宫格内任意位置放置，通过移动相机在上料区走九宫格拍照，经过视觉处理区分料号，识别锂电池上的字符和二维码，进行尺寸测量和分析，引导移动模组抓取工件。模组携带锂电池放置在流水线上，被传送到流水线上固定相机下停止。相机拍照引导模组抓取锂电池，移动到装配平台。装配平台上也有三种料盘（定位模块），分别对应三种锂电池。固定相机位于料盘上方拍照，经过视觉处理找到料盘并区分料盘类别。引导移动模组移动到对应料盘，进行精准装配。

9.2.1 任务分析

1. 锂电池检测与测量

料库中的锂电池有 3 种类型，随机放置在上料平台上，利用模组上的相机对锂电池进行类型检测，如图 9-14 所示。

a)   b)   c)

图 9-14 锂电池型号

a) A 型   b) B 型   c) C 型

电池测量：长、宽尺寸分别为 34 mm、23 mm，偏差为 ±0.3 mm。

2. 锂电池识别

利用模组上的相机拍照进行锂电池的字符和二维码识别，用于判断字符和二维码的信息是否一致。

3. 锂电池引导抓取

引导移动模组抓取锂电池放置在流水线上，移动到输送带上固定相机下停止，相机拍照引导模组抓取锂电池，移动到装配平台上对应的料盘（定位模块）上，进行精准装配。

9.2.2 任务实施

1. 硬件配置

（1）添加相机 该项目需要配置 3 台相机：移动相机、右侧面光源上方固定组装相机、输送带上方相机。1 号相机为移动 CCD，SN 为 192.168.10.10；2 号相机为固定 CCD，SN 为 192.168.20.10；3 号相机为输送带 CCD，SN 为 192.168.30.10。

（2）添加光源 该项目一共包含 8 个光源，分别使用两个光源控制器（分别命名为德创 1、德创 2）控制，端口号分别为 COM1 和 COM2，波特率为 19 200 Baud。

（3）添加 PLC 依次选择"设备"→"PLC"→"三菱"，添加三菱 PLC。设置三菱 PLC 参数：IP 地址为 192.168.1.20，端口号为 502，编码为 ASCII，数据格式为 CDAB，字符串颠倒。

2. 程序流程设计

（1）标定程序流程设计 程序流程设计的第一步是进行标定。如图 9-15 所示，将标定片放置在装配单元上预定的固定初始位置。首先，机械手吸取标定片，进行移动，将标定片放置在右侧面光源中间。机械手移开，触发固定相机（从相机 2）拍照取像。然后，机械手吸取标定片，放置到左侧面光源中间。按照做 9 点平移和 2 点旋转的路线，依次触发移动相机（主相机 1）进行拍照取像。最后，机械手吸取标定片，放置在流水线上的白色垫板上。

移开后，触发输送带上固定相机（从相机3）拍照。至此，三个相机的联合标定结束，经过分析，最终形成三个标定文件。

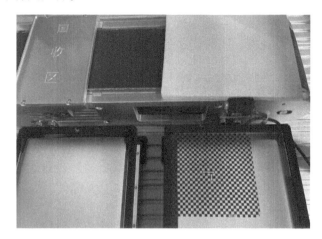

图 9-15　标定开始时的物品摆放

1）等待触发。在"信号"工具组中的"PLC 扫描"工具，扫描接收 PLC 中的 D168 地址发来的"标定"指令——1，"触发条件"设置为"变为1"。即如果收到 PLC 发送到 D168 地址的数据为1，就触发标定流程。

2）解析指令字符串。触发之后用"通讯"工具组中的"读 PLC"工具读取 PLC 中的地址 D120 开始的长度为 92 的指令字符串。用"数据"工具组中的"字符串操作"工具将前面"读 PLC"工具接收到的字符串值去掉空格和不可打印字符，并将经过"字符串操作"上述操作后的值输出，输出变量命名为"@ Trim2"。

将去掉空格后的字符串用逗号进行分割，索引 3 为相机号，将相机号输出为变量"@ Split1"。

3）分支和光源打开。选用"分支"工具，数据来源为前面"字符串操作"工具输出的"@ Split1"，即相机号，根据相机号（1、2、3）分成 3 个分支，选择在相应位置的光源亮起。

分支 1：控制主相机 1（移动相机）对应的光源开启，将左侧取料位对应光源（德创 1 的光源通道 1、2、3）亮起。

分支 2：控制从相机 2（右侧固定组装相机）放料区对应的光源（德创 1 的光源通道 1、2、4）开启。

分支 3：控制从相机 3（输送带上方相机）对应的光源（德创 1 的光源通道 2，德创 2 的光源通道 1）开启。

"分支选择"工具无须配置，目的是将多条分支进行合并选择，否则后续工具无法同时链接多条流程。

4）手眼标定。采用"引导"工具组（行业模块）中的"手眼标定"工具。

图像来源：选择设备管理中已有的 3 个相机，编号分别为 1（移动相机为主相机 1）、2（固定抓料相机为从相机 2）、3（输送带相机为从相机 3）。

手眼标定结束后，会自动生成主、从相机标定文件。3 个标定文件自动被保存在硬盘指定的文件夹下，如为程序文件夹下的"\Config\Guide\Calibratoin\"文件夹下的"1295_主机位 1. vpp""1295_从机位 2. vpp""1295_从机位 3. vpp"文件。

5）光源关闭。用"光源设定"工具，将已经打开的各光源关闭。

6）反馈信息。标定步骤完成后，需要发送信号给 PLC。"分支"工具以"手眼标定"工具成功与否的 Bool 类型变量作为分支依据。

标准位示教程序包括两部分，一是移动抓取位置标准位示教，二是输送带相机抓取位置标准位示教。

（2）移动抓取位置标准位示教（训练吸嘴）程序流程设计　和之前的标准位示教程序类似，采用"引导"工具组中的"标准位示教"工具。通过"写变量"工具，将"标准位示教"工具输出轴的 X、Y、R 和 ToolBlock 里 Outputs 导出的锂电池图像的 X、Y、R（注意：图像的 R 变量应为角度转换后的值）值写到"变量管理"创建的相应的 6 个变量中。

（3）输送带上相机抓取位置标准位示教（训练吸嘴）程序流程设计　输送带上相机实现的功能也为抓取，这部分也需要进行标准位示教。大部分与上面所述的移动相机抓取位置示教相同。这里只介绍不同部分。

"PLC 扫描"工具：地址为 D168，这里"触发条件"设置为"变为 30"。"取像"工具：相机为输送带上相机。在"标准位示教工具"，在第二步"标定设置"选择"从机位 3"的标定文件。

输送带上相机抓取的位置和移动相机抓取的位置不同。同样，"标准位示教"工具输出 ImageX、ImageY、ImageR 和轴坐标 RobotX、RobotY、RobotR。将 ImageR 由弧度进行角度转换。这里另外建立 6 个 Double 类型变量：3TRX、3TRY、3TRR，3TIX、3TIY、3TIR，分别是训练相机 3 示教位时的轴 X、Y、R（3TRX、3TRY、3TRR）和图像 X、Y、R（3TIX、3TIY、3TIR）。通过"写变量"工具，将"标准位示教"工具输出轴的 X、Y、R（RobotX、RobotY、RobotR）和 ToolBlock 里 Outputs 导出的锂电池图像 X、Y、R 值写到"变量管理"创建的相应的 6 个变量中。

（4）标准位示教（训练吸嘴）程序实操调试　锂电池初始被放置在右面光源左上角，且电池凸起位于下方。标定时放于输送带上的白色垫块不再需要。

机械手移动到锂电池初始位置，抓取锂电池后放置于左侧面光源上，机械手抬起，移动相机拍照，程序中可以查看锂电池中心点和旋转角度情况。机械手吸取锂电池到下一个抓取位置（输送带上相机）进行示教。机械手移开，相机拍照，程序中可以查看锂电池中心点和旋转角度情况。至此，标准位示教流程结束。

（5）移动相机引导抓取　和之前程序类似，步骤如下。

1）触发程序。

2）解析指令字符串。使用"读 PLC"工具读取当前轴坐标的 X、Y、R 值。

3）添加变量。在"变量管理"里增加两个 Double 类型变量，命名为 TrigX 和 TrigY。用"写变量"工具分别写入经格式转换后的 X 和 Y，即当前拍照位置的 X 和 Y 值。

4）取像。

5）特征定位。采用"引导"工具组中的"特征定位"工具。此步骤可以由移动相机抓取位置标准位示教程序右侧进行导出，再在此右侧进行导入，抓取更准确。

6）判断料号。"判断料号"为"ToolBlock"工具，用于判断锂电池型号。抓取定位之后，利用 Histogram 算法分别对锂电池的尾部和顶部进行灰度值平均值统计，将结果添加到输出，用于后续的逻辑判断。将灰度直方图运算的均值链接到输出终端，并分别名为"Top""Tail"。

7）测量及识别。测量及识别也为"ToolBlock"工具，用于检测锂电池的长度并识别锂电池上的二维码及字符信息。

测量之前，先用棋盘格标定片进行标定。也可以用前面标定程序流程中已经标定过的 vpp 文件进行导入，在此导入的 ToolBlock 工具块中，用其中的 CogCheckerboradTool 标定，然后建立特征坐标系。

基于标定后的特征坐标系，用 CogCaliperTool 测量锂电池的长度。将长度链接到输出终端，命名为"Length"。

用 CogIDTool 识别锂电池上的二维码（QR 代码），将识别结果链接到输出终端，命名为"ID_StringOCR_String"。

用 CogOCRMaxTool 识别锂电池上的字符信息，将识别的字符信息链接到输出终端，命名为"OCR_String"。

8）脚本运算。脚本运算是"ToolBlock"工具，主要是应用 ToolBlock 的 C#高级编程功能，如图 9-16 所示。

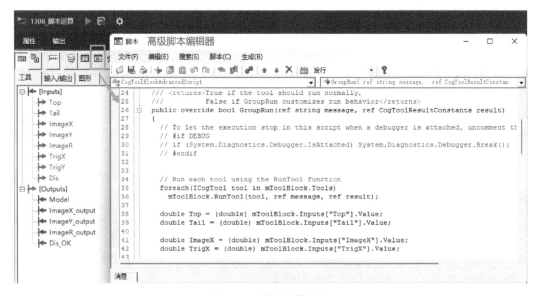

图 9-16　脚本运算工具

在"Inputs"端，通过"Add new system types"→"Add new system. Double"，添加若干 Double 类型的变量。Top、Tail 分别为前面"判断料号"视觉工具块输出的 Top、Tail。ImageX、ImageY、ImageR 分别为前面特征定位输出的图像的 X、Y、R。TrigX、TrigY 分别是系统变量 TrigX、TrigY 的值。Dis 为"测量及识别"视觉工具块输出的"Length"。

在"Outputs"端，通过"Add new system types"→"Add new system. string"，添加"Model"（String）输出变量。通过"Add new system types"→"Add new system. Double"，添加若干 Double 类型的变量"ImageX_output""ImageY_output""ImageR_output"。通过"Add new system types" → "Add new system. Boolean", 添加 Boolean 类型的输出变量 "Dis_OK"。

脚本代码如下:

```
public override bool GroupRun( ref string message, ref CogToolResultConstants result)
{      // Run each tool using the RunTool function
    foreach(ICogTool tool in mToolBlock. Tools)
      mToolBlock. RunTool( tool, ref message, ref result) ;
    //将输入端的各个变量的值取出来赋给自定义的相应的变量
    double Top  = ( double) mToolBlock. Inputs[ "Top" ]. Value;
    double Tail = ( double) mToolBlock. Inputs[ "Tail" ]. Value;

    double ImageX = ( double) mToolBlock. Inputs[ "ImageX" ]. Value;
    double TrigX = ( double) mToolBlock. Inputs[ "TrigX" ]. Value;

    double ImageY = ( double) mToolBlock. Inputs[ "ImageY" ]. Value;
    double TrigY = ( double) mToolBlock. Inputs[ "TrigY" ]. Value;

    double ImageR  = ( double) mToolBlock. Inputs[ "ImageR" ]. Value;
    //对应输出变量, 定义各变量
    string Model = "A" ;// = ( string) mToolBlock. Outputs[ "Model" ]. Value;
    double ImageX_output;
    double ImageY_output;
    double ImageR_output;
    bool Dis_OK;
    //进行锂电池的型号判断 (A、B、C 型)
    if( Top < 50 && Tail < 50)
    {      Model = "A" ;      }

    if( Top < 50 && Tail > 50)
    {      Model = "B" ;      }

    if( Top > 50 && Tail < 50)
    {      Model = "C" ;      }
    //对测量的锂电池长度进行分析, 若在公差范围内, 则输出 true; 否则输出 false
    if( Dis <= 34. 3 && Dis >= 33. 7)
      {Dis_OK = true;}
    else
      {Dis_OK = false;}

      //进行有偏移量的图像坐标值的计算
    // *计算公式为:ImageX+TrigX-CalibX
    //ImageX:"分支选择" 内的数据项, 即 "特征抓取" 后输出的 ImageX
```

//TrigX：前面步骤存到"变量管理"内的 TrigX，当前拍照时的轴坐标 X

//CalibX：标定时在中心位置拍照时的轴坐标，此为固定坐标，可在触摸屏上"参数设置"

//→"位置设置1"界面上的"移动相机左拍照位置"查询到

ImageX_output = ImageX + TrigX - 62.34；

ImageY_output = ImageY + TrigY -(-194.63)；

//把特征定位输出的姿态值从弧度转换成角度

ImageR_output = ImageR / Math. PI * 180；

//把判断出的锂电池的型号值赋给输出端的 Model 变量值

mToolBlock. Outputs["Model"]. Value = Model；

//把重新计算的图像的坐标和姿态值分别赋给输出端相应的变量

mToolBlock. Outputs["ImageX_output"]. Value = ImageX_output；

mToolBlock. Outputs["ImageY_output"]. Value = ImageY_output；

mToolBlock. Outputs["ImageR_output"]. Value = ImageR_output；

//把分析的锂电池长度是否在公差范围内的判断值赋给输出端的 Dis_OK 变量值

　mToolBlock. Outputs["Dis_OK"]. Value = Dis_OK；

return false；

　　}

9）引导计算。"引导计算"工具模式是"引导抓取"。"特征数据"为当前图像坐标系下，偏移计算后的坐标值 X、Y 和角度转换后的 R 值。"训练数据"为模板图像坐标系下，拿到移动抓取标准位示教程序中保存到变量里的 3 个图像坐标值 1TIX、1TIY、1TIR，以及在模板机械手坐标下 3 个机械轴坐标轴 1TRX、1TRY、1TRR。通过"特征数据"和"训练数据"，计算输出轴的绝对抓取位置坐标值 AbsoluteX、AbsoluteY、AbsoluteR。

10）写入系统变量。将脚本计算的图像 X、Y、R，以及"引导计算"工具输出的轴绝对抓取位置分别存入"变量管理"创建的 6 个变量（1Image_X、1Image_Y、1Image_R，1Robot_X、1Robot_Y、1Robot_R）中，以便后续组装的引导计算进行调用。

将引导计算输出的绝对坐标值 X、Y、R 转换为 Real 类型。将格式转换后的三个值发送给 PLC，X、Y、R 地址分别为 D170、D172、D174，引导轴进行抓取。

以"特征抓取"工具输出的成功与否作为判断依据。若成功，则发送 1 给 PLC 的 D190 地址；若失败，则发送 3，表示当前宫格无产品，往下一位置走。

（6）输送带上相机引导抓取

1）等待触发。"PLC 扫描"地址为 D168，"触发条件"设置为"变为 72"。

2）取像。打开"德创 1"光源控制器中的通道 2、4，即右条光和右面光，以及"德创 2"光源控制器中的通道 1，即输送带旁条光。延时 100 ms，用输送带上相机拍照取像。延时 100 ms，关闭光源。

3）特征定位。采用"引导"工具组的"特征定位"工具。

标定文件选择"手眼标定"工具输出的从机位 3 的标定文件。此步骤可以由输送带相机抓取位置标准位示教程序右侧进行导出，再在此右侧进行导入，抓取更准确。

角度转换同前步骤，运用"数值计算"工具，将"特征定位"工具输出的 ImageR 转换成角度。

4）引导计算。"引导计算"工具的"特征数据"为当前图像坐标系下，偏移计算后的坐标值 X、Y 和角度转换后的 R 值。"训练数据"为模板图像坐标系下，拿到输送带相机抓取标准位示教程序中保存到变量里的 3 个图像坐标值 3TIX、3TIY、3TIR，以及在模板机械手坐标下 3 个机械轴坐标轴 3TRX、3TRY、3TRR。通过"特征数据"和"训练数据"，计算输出轴的绝对抓取位置坐标值 AbsoluteX、AbsoluteY、AbsoluteR，如图 9-17 所示。

图 9-17　引导计算界面

5）写入系统变量。将"特征抓取"计算出的图像坐标的 X、Y 值和角度转换后的 R 值、"引导计算"工具输出的轴绝对抓取位置分别存入"变量管理"创建的 6 个变量（3Image_X、3Image_Y、3Image_R、3Robot_X、3Robot_Y、3Robot_R）中。

6）数据传递。将引导计算输出的绝对坐标值 X、Y、R 转换为 Real 类型。将格式转换后的 3 个值通过"通讯"工具组中的"写 PLC"工具发送给 PLC，X、Y、R 的地址分别为D170、D172、D174，引导轴进行抓取。

7）反馈信息。以"特征抓取"工具输出的成功与否作为判断依据。若成功，则发送 1给 PLC 的 D190 地址；若失败，则发送 2。

（7）固定相机引导组装

1）触发程序。"PLC 扫描"地址为 D168，"触发条件"设置为"变为 73"。

2）取像。打开"德创 1"光源控制器中的通道 1、2、4，即左、右条光和右面光。延时 100 ms，用固定相机拍照取像。延时 100 ms，关闭光源。

3）特征定位。区分锂电池料号类型，同时运用"分支"工具做以下三种料盘的"特征抓取"，使得料号和料盘型号相一致，即 A、B、C 号锂电池分别组装进入相应的 A、B、C 号料盘。如图 9-18 所示，重点是根据不同的料盘抓取其特征。

图 9-18　三种料盘的"特征抓取"

"特征定位"工具设置如下：

在输入设置界面，"信号数据"不需要实时轴位置，直接手动写入指令：Train,1,TTN,2,0,0,0,0。

在标定设置界面，选择"手眼标定"工具输出的从机位 2 的标定文件。

在特征抓取界面，输出料盘中心点的 X、Y、R 值和结果图像。

不同的分支分别抓取各自料盘的中心点坐标和姿态，如图 9-19 所示。

图 9-19　料盘 A、B、C 的特征抓取

然后，找到各自料盘的中心点坐标值 X、Y 及姿态值 R。此步骤与锂电池中心点的 X、Y、R 查找方法类似。使用 CogFindCornerTool 找到料盘 4 个白色角（角边端点 A、B、C、D）。

注意：

料盘角度方向须与锂电池方向一致，即 CogFitLineTool 输出角度方向一致，都为 A 到 B 的方向，最终链接给 Outputs 中的 R 值。

4）数据输出。运用"分支选择"工具，将三个分支归拢到一起，同时将前面"特征抓取"的 ImageX、ImageY、ImageR、Successfully、Record 共 5 项数据进行输出，如图 9-20 所示。

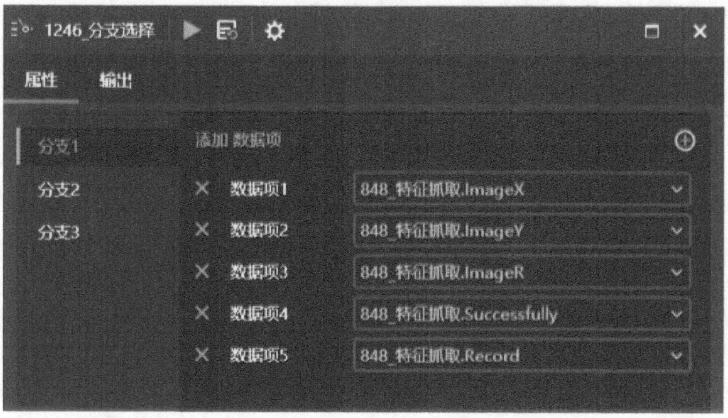

图 9-20　"分支选择"工具的归拢输出

输出 R 为弧度值，仍需要通过"数值计算"转化为角度值，这里引用的是"分支选择"的数据项 3：ImageR。

5）引导计算。"引导计算"工具设置：模式选择"引导组装"模式。特征数据为拿到输送带抓取自动程序保存到"变量管理"里的 3 个图像值 3ImageX、3ImageY、3ImageR 及 3 个机械轴坐标值 3RobotX、3RobotY、3RobotR，因此，此步骤为从输送带位置抓取后进行组装。

目标数据则选取"分支选择"工具中的数据项 1 和 2 的图像坐标值 X、Y 和角度转换后的 R 值，如图 9-21 所示。

图 9-21　引导计算设置界面

把经引导计算的 AbsoluteX、AbsoluteY、AbsoluteR（即轴坐标的 X、Y 位置和 R 姿态值）进行格式转换，由 Double 类型转换成 Real 类型，然后分别写入 PLC 的 D170、D172、D174 地址。

6）将执行情况反馈回 PLC。使用"流程"工具组中的"分支"工具，给 PLC 的 D190 地址写入不同数据。当"标准位示教"工具成功执行，用"通讯"工具组中的"写 PLC"工具将 1 写入 PLC 的 D190 地址；如果工具未能成功执行，则将 2（表示当前没有对应型号料盘）写入 D190 地址。

3. HMI 界面设计

如图 9-22 所示，将视觉软件识别抓取的锂电池的类型、识别的一维字符、识别的二维码信息、测量长度尺寸，以及对锂电池长度公差分析判断的结果显示在 HMI 界面上。

同时，将三个相机（移动相机、输送带上相机、固定相机）特征抓取的结果图像实时显示在界面上。

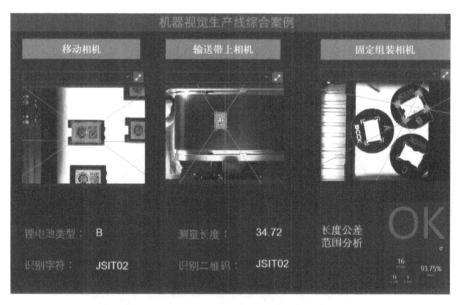

图 9-22 机器视觉生产线综合案例界面

4. 程序流程实操调试

9-1 机器视觉生产线综合案例

如图 9-23 所示，九宫格安装于左侧面光源上，左右分别摆放适量的锂电池和料盘。开始运行，触发移动相机拍照，V+处理图像，发送坐标给轴进行抓取，将锂电池抓到输送带上。

输送带移动，锂电池流到输送带上相机下方，相机拍照，抓取锂电池。右侧料盘上方固定相机拍照，存在匹配料盘则进行组装，否则将锂电池放至废料区。组装完成后，把锂电池搬回原位置，移动相机继续去下一个位置拍照，不存在锂电池则继续移动至下一个位置，存在则抓取，并放到输送带上，输送带上相机拍照抓取，固定相机拍照组装。如此循环往复，直到移动相机拍完左侧的 9 个位置。继续回到中心位置，循环执行同样的动作。

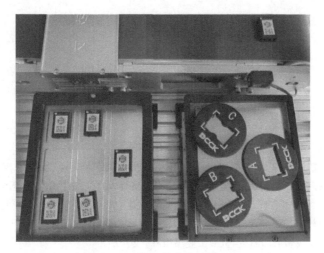

图 9-23 整个程序的场景布置

思考与练习

1. 在 ToolBlock 的 C#脚本高级编辑器中，有几个区域需要进行代码编写？各有什么作用？

2. 在 9.1.5 节中，除了用 CogCompositeColorMatchTool 实现颜色提取功能外，还有哪些工具可以完成同样的功能？

3. 简述三个相机联合标定的流程。最终会形成几个标定文件？

4. 简述本章机器视觉生产线综合案例的程序设计流程。C#脚本编程在此程序设计流程中的主要作用是什么？

参 考 文 献

［1］张广军. 机器视觉 ［M］. 北京：科学出版社，2005.

［2］冈萨雷斯，伍兹. 数字图像处理：第四版 ［M］. 阮秋琦，阮宇智，译. 北京：电子工业出版社，2020.

［3］郑睿，邰新凯，杨国胜. 机器视觉系统原理与应用 ［M］. 北京：中国水利水电出版社，2014.

［4］桑卡，赫拉瓦卡，博伊尔. 图像处理、分析与机器视觉：第4版 ［M］. 兴军亮，艾海舟，等译. 北京：清华大学出版社，2016.

［5］程光. 机器视觉技术 ［M］. 北京：机械工业出版社，2019.

［6］刘秀平，景军锋，张凯兵. 工业机器视觉技术及应用 ［M］. 西安：西安电子科技大学出版社，2019.

［7］孙学宏，张文聪，唐冬冬. 机器视觉技术及应用 ［M］. 北京：机械工业出版社，2021.

［8］唐霞，陶丽萍. 机器视觉检测技术及应用 ［M］. 北京：机械工业出版社，2021.

［9］丁少华，李雄军，周天强. 机器视觉技术与应用实战 ［M］. 北京：人民邮电出版社，2022.

［10］刘韬，张苏新. 机器视觉及其应用技术 ［M］. 2版. 北京：机械工业出版社，2023.